산만한 ✕ 특별한
아이의   잠재력

KB191772

뇌과학이 알려주는 ADHD 아이 크게 키우는 법

산만한 아이의 × 특별한 잠재력

이슬기 지음

길벗

내 아이만의 특별한 잠재력에 주목할 수 있기를 바라며

저는 직업상 일상생활에 어려움을 느끼는 아이들과 부모님들을 많이 만나게 됩니다. 처음 상담실을 찾아온 부모님들은 수심이 가득한 얼굴을 하고 있는 경우가 많습니다. 주로 하시는 말씀들은 아이를 향한 주변의 따가운 시선, 미래에 대한 걱정 그리고 자신이 아이를 그렇게 키웠다는 자책입니다. 하지만 이는 아이의 탓도 부모의 탓도 아닙니다.

아이들은 기본적으로 어른보다 주의 집중 시간이 짧고 활동량이 많습니다. 그런데 또래 사이에서 남다른 아이들이 있습니다. 활동적이고 에너지가 넘쳐 부모가 감당하기 힘든 아이가 있는가 하면, 무얼 해도 느릿느릿하고 뭘 시켜도 멍 때리며 부모 속을 태우는 아이도 있습니다. 훈육을 해도 돌아서면 그때뿐이죠. 이 아이들의 부모는 '훈육이 잘못됐나. 나만 애를 잘못 키우고 있나?' 하며 자책합니다.

'양육 효능감'이라는 말을 들어보셨나요? 쉽게 말해 부모가 갖는 육아 자신감을 양육 효능감이라고 합니다. '내가 애를 잘 키우고 있구나. 나 잘하고 있어!'라는 생각을 많이 할수록 양육 효능감이 높습니다. 아이가 부모 말에 잘 따라주고, 부모가 이끄는 대로 성장한다면 부모의 양육 효능감은 높겠죠. 그런데 훈육을 해도 그때뿐이고, 아이가 말을 잘 안 들면 어떨까요?

1990년 미국의 심리학자 마리엘렌 피셔는 산만하고 충동적인 아이를 키우는 부모들의 경우, 양육 효능감이 매우 낮고 양육 스트레스는 높다는 사실을 발견했습니다. 특히 아이가 이야기를 귀담아듣지 않는다고 여겨 대화가 단절되는 경우가 많았고 부모의 자책감, 우울감도 높았습니다. 하지만 이런 아이의 산만한 행동은 뇌기능과 관련된 문제이지 부모의 육아가 잘못됐거나, 아이가 부모의 훈육을 무시하는 것이 아닙니다.

갑자기 문제가 된 산만함, 그리고 부모의 불안

우리에게 이미 익숙한 ADHD, 즉 '주의력 결핍 과잉 행동 장애

Attention Deficit Hyperactivity Disorder'라는 단어는 1980년에 이르러 처음 등장했습니다. 그전까지는 산만하고 충동적인 아이를 단순히 버릇이 없고 장난기가 많다고 여겼다가, 신경 발달이 늦어서 생기는 뇌기능의 문제로 접근하게 된 것이죠. 주의력 결핍은 1980년 이전에는 전혀 없다가 어느 날 갑자기 생겨나 확산된 병이 아닙니다. 또한 진단 기준 역시 국가와 문화마다 조금씩 차이가 있습니다. 영국을 중심으로 유럽에서는 주의력 결핍 증세가 매우 심각해 일상생활이 힘든 경우에만 병으로 정신과적 질환으로 인정합니다. 마치 누구나 어느 정도는 강박적인 성향을 갖고 있지만 모두가 강박장애로 진단받는 것은 아닌 것과 마찬가지로 말이지요.

실제로 강박장애 진단을 받는 사람들은 강박 행동으로 인해 일상생활이 불가능한 경우가 많습니다. 예를 들어 위생 강박이 심한 환자의 경우 기본적인 샤워를 하는데도 2시간을 훌쩍 넘기고, 볼일을 보고난 뒤 손을 씻느라 3시간 동안 화장실을 사용해서 가족을 불편하게 만들기도 합니다. 이와 마찬가지로 단순히 주의력이 부족해 보이는 몇몇 행동만으로 ADHD 진단이 내려지는 것은 아닙니다.

최근에는 ADHD의 정의를 수정하고자 하는 움직임도 있습니다. 진단명 가운데 D를 '결핍deficit'이 아니라 '조절 장애dysregulation'로 바꾸자는 의견이 있습니다. 특히 한글 표현인 '장애'라는 단어 때문에 부모 입장에서는 심리적 저항감을 느끼기 쉬운데, ADHD의 D는 불안정을 뜻하는 'disorder'로, 신체적 장애를 말하는

'disable'과는 다른 의미를 담고 있습니다. 즉, 산만한 행동에 대해서는 여러 논의가 이뤄지고 있고 어디부터 장애로 볼 것인지도 의견이 분분하지만, 주의력 결핍 증상은 뇌 기능, 타고난 기질과 관련이 있다는 것이 공통된 의견입니다.

ADHD 진단을 받는 아동들은 유아기 때부터 기질적인 특징을 보입니다. 예를 들어 이 아이의 부모들은 아이의 밤낮이 바뀌어 잠을 자는 데 어려움이 있었거나, 수시로 넘어지고 다쳐서 한시도 눈을 뗄 수 없었다고 이야기합니다. 대개는 '아이들이 다 그렇지', '에너지가 넘치네' 하고 지내다가 유치원 등 단체 생활을 시작하면서부터 또래와 다른 행동을 보여서 주목하게 되는 경우가 많습니다.

단체 생활을 잘하기 위해서는 긴 시간 가만히 앉아 선생님의 말에 집중하고 질서와 규칙을 지켜야 하는데, 산만하고 충동적인 아이들은 입학 첫날부터 자리를 이탈하고 불쑥 소리를 내는 등 눈에 띕니다. 그러다 보니 자꾸 지적을 받고 문제아로 낙인찍히기도 합니다. 하지만 산만한 아이에게는 과연 안 좋은 면만 있을까요?

아이의 약점을 강점으로 변화시키는 법

저는 어딜 가나 눈에 띄고, 가끔은 눈총을 받기도 하는 산만한 아이가 지닌 특별한 잠재력에 대해 이야기하고 싶습니다. 실제로 최근 여러 연구들이 산만한 아이가 갖는 창의적인 재능에 주목하고 있습니다. 2017년 〈하버드 비즈니스 리뷰〉는 '신경 다양성을 경쟁력으로'라는 기사를 통해 세계적 IT 기업인 구글, 마이크로소프트, 포드가 ADHD, 난독증, 아스퍼거 증후군 등 진단을 받은 신경 다양성 인재를 발굴해 혁신을 이뤄내는 과정을 다룬 바 있습니다. 저마다 다르게 태어나 서로 '다른 방식으로 활용하는' 뇌를 가진 사람들이 '다르게 유능하게differently abled' 활동하는 모습을 보여줌으로써 새로운 가능성을 제안하고 있는 것이죠.

이 책은 산만함을 '고쳐야 할 것'이 아니라 '다뤄야 할 것'으로 접근합니다. 그러면 아이의 독특한 행동의 원인과 그로 인해 수반되는 잠재력에 주목하게 됩니다. 아이의 산만함을 하루아침에 고칠 수는 없지만, 부모로서 아이의 마음을 이해하고 강점을 키우기 위한 방법에 대해 담았습니다. 많은 부모와 상담실에서 고민을 나누며 가장 궁금해하고 어려워하는 문제들, 일상생활이나 학교 생활에서 겪을 어려움과 그에 대한 해결 방안을 다뤘습니다.

아이를 가장 오랜 시간 지켜보며 산만한 행동 속에 숨은 인지적 특성을 이해하고, 약점을 강점으로 바꿔줄 수 있는 존재는 부모밖에 없습니다. 인생에서 가장 중요한 시기를 보내고 있는 아이들과 부모들에게 이 책이 조금이나마 도움이 되었으면 하는 바람입니다.

수인재두뇌과학 분당·잠실 센터장
이슬기

산만하면 불편한 세상을 살아갈 아이를 위한 지식

복잡하고 빠르게 발달하는 현대 사회는 사람들에게 다양한 혜택과 편리함을 제공했고, 이로 인해 우리의 생활 환경은 완전히 바뀌기 시작했습니다. 한편 이러한 이유로 과거 우리가 생각지도 못했던 문제들이 생겨났습니다. 편리함을 지속적으로 제공하고 누리기 위해 과거와는 다른 방법으로 생활하도록 요구받고 있는 것입니다.

그중 하나로 과거보다 더 많은 것을 글로 받아들여야 하고 이해해야 합니다. 신체보다는 머리를 써야 하는 일이 많아졌고, 주변이 뚫린 곳보다는 밀폐된 공간에서 생활하는 일이 많아졌습니다. 또 수많은 규칙을 기억하고 거기에 맞춰 행동해야 합니다. 특히 학교라는 공간에 모여 공부하는 학생들에게는 이러한 것들이 더 많이 요구됩니다. 그래서인지 과거 교실에서는 특별히 문제가 되지 않았던 행동이 요즘에는 산만하고 문제가 있는 행동으로 지적받기도 합니다.

실제로 최근 들어 집중력 부족이나 과잉 행동 문제로 부모와 함께 병원과 센터를 찾는 아이들이 증가하고 있습니다. 무엇이 문제일까요? 정말 과거와 달리 부쩍 산만한 아이들이 많아진 걸까요? 아니면 환경적인 원인일까요? 그것도 아니라면 학교라는 틀에 갇혀 있는 학령기 때만 나타나는 특별한 문제일까요? 그렇지는 않아 보입니다. 왜냐하면 학교를 벗어난 성인에서도 이런 증상들이 보이기 때문입니다.

최근 뇌에 병리적 문제가 없음에도 집중력이나 판단력, 기억력 저하 등을 호소하며 진료실을 찾는 성인들이 늘고 있습니다. 집중하기 어려워서 일상생활에서 심각한 불편감을 느끼며, 이로 인해 업무를 수행하는 것도 매우 힘들고 괴로운 것이지요. 그러한 사람들은 치매나 경도 인지 장애가 아닌 주의력 결핍 장애Attention Deficit Disorder; ADD로 진단받는 경우가 있습니다. 이러한 원인은 어디에 있을까요?

저는 그 답을 이 책을 통해서 찾을 수 있다고 생각합니다. 집중력 문제로 진료실을 찾는 환자들은 어린 시절부터 오랜 시간 같은 증상을 경험했을 것입니다. 하지만 어렸을 때만 하더라도 특별히 문제가 된다고 생각하지 못했거나, 치료가 필요한 증상이라고 생각하지 못한 것입니다. 오랜 시간 괴로워하다가 최근에서야 병원까지 찾아오게 된 것이죠. 안타까운 것은 이런 증상을 어린 시절에 빨리 알고 치료했다면 삶이 좀 더 편안하고 행복했을 거라는 점입니다.

이 책은 저자가 그동안 ADHD, 난독증 아이들을 상담해온 경험과 노하우를 '인지과학'이라는 이론적 배경을 토대로 잘 설명하고 있습니다. 집중력 저하나 과잉 행동 장애가 있는 아이뿐 아니라, 아이를 키우는 부모라면 누구나 이 책을 한 번쯤 읽어보기를 강력히 권해드립니다. 이 책을 통해 아이의 숨겨진 잠재력을 찾고, 아이가 바르게 성장할 수 있도록 돕는 조력자가 될 수 있을 것입니다. 또 이것이 부모가 자녀에게 줄 수 있는 가장 큰 선물이기도 합니다.

대한신경과학회장
신경과전문의 윤웅용

차례

1부. 정말 산만한 아이일까?

1장. 누가 봐도 산만한 아이 vs. 얌전한데 산만한 아이

2장. 우리 아이는 왜 산만한 걸까?

2부. 산만한 아이 위대하게 키우기

3장. 아이의 잠재력을 키워주는 법

4장. 문제 행동에서 잠재력 키우기

5장. 원만하게 학교생활 하기

우리 아이, 진짜 산만한 아이일까?

주의력 결핍 간이 진단

아이가 지난 6개월 동안 집에서 보인 행동에 체크하세요.

항목	체크
학교 숙제나 다른 과제 행동을 할 때 실수하거나 부주의하다	
과제나 놀이 수행을 할 때 오래 집중하지 못한다	
자기에게 하는 이야기도 귀 기울여 듣지 않는다	
반항하거나 이해를 못 하는 것도 아닌데 학교나 학원 과제를 끝내지 못한다	
과제 수행이나 정리 정돈을 잘 못 한다	
지속적인 정신 집중을 필요로 하는 과제를 회피하거나 거부하고 싶어 한다	
외부 자극 때문에 쉽게 흐트러진다	
필요한 물건(숙제, 알림장, 장난감 등)을 잘 잃어버린다	
일상적인 일과를 종종 까먹는다	

* 아이의 산만함을 알아보기 위한 간이 진단 리스트입니다.
이 리스트는 ADHD를 확진하는 도구가 아닙니다.

과잉 행동 간이 진단

아이가 지난 6개월 동안 집에서 보인 행동에 체크하세요.

항목	체크
앉아 있을 때 손발을 꼼지락거리거나 몸을 배배 꼰다	
수업 시간에 돌아다닌다	
아무 데서나 뛰어다니고 기어오른다	
엔진이라도 달린 듯 행동한다	
조용히 노는 곳을 견디기 힘들어한다	
말이 많다	
질문이 끝나기도 전에 대답이 튀어나온다	
차례를 기다리지 못한다	
다른 사람의 일에 참견한다	

* 아이의 산만함을 알아보기 위한 간이 진단 리스트입니다.
이 리스트는 ADHD를 확진하는 도구가 아닙니다.

4개 이상 체크: 주의력 결핍/과잉 행동에 대한 정밀한 검사가 필요합니다. 이 경우 학교 적응에 어려움을 보일 수 있으므로 빨리 개입하는 것이 좋습니다.

4개 미만 체크: 문제가 두드러지지 않습니다. 그러나 이 자가 진단은 ADHD를 확진하는 도구가 아닙니다. 아이가 집중력이 떨어지거나 산만하다고 생각된다면 전문적인 검사를 받아보기 바랍니다.

1부

정말
산만한
아이일까?

1장

누가 봐도 산만한 아이
vs.
얌전한데 산만한 아이

어머님, 아이가 조금 유난스러운 것 같아요

4월 어느 날, 유치원 출입구가 학부모들로 북적이고 있습니다. 분주하게 아이들의 교실을 찾는 발걸음 소리로 가득한 오늘은 공개 수업일입니다. 사람들로 빼곡하게 들어찬 교실 속, 아이들이 평소보다 더 높고 또랑한 선생님 말소리에 귀를 기울이고 있습니다.

학부모들의 흐뭇한 표정이 번지는 순간, 뒤통수만 보이는 다른 아이들과 달리 지안이는 뽀얀 얼굴이 보입니다. 주위를 두리번거리더니 아무렇지 않게 짝꿍 팔꿈치를 툭툭 건드립니다. 짝꿍은 마치 익숙한 일인 듯 다른 팔로 팔꿈치를 감싸고 지안이를 향해 등을 보이며 휙 돌아앉습니다. 다시 두리번거리던 지안이는 엄마를 발견하고 손을 들어 휘휘 저으며 인사합니다.

'저걸 받아줘 말아.'

얼굴이 미처 화끈거리기도 전에 지안이가 자리에서 벌떡 일어나 소리칩니다.

"엄마아~!"

민망함에 얼굴이 터질 것 같습니다. 집에서도 얌전한 아이는 아니었지만, '그래도 단체 생활 하면 좀 괜찮겠지', '크면 나아지겠지', '다른 애들도 그렇겠지' 좋게 좋게 생각하며 버텨왔는데, 오늘 다른 아이들 사이에서 확연히 튀는 지안이의 모습을 보고 나니 가슴이 답답합니다. "아~ 쟤가 갠가 봐", "그런가 보네"라고 수군대는 소리도 들리는 것 같습니다.

'아이 낳고 아파서 초기에 많이 못 안아줘서 그런가', '임신 중에 스트레스를 받아서 그런가'. 엄마의 죄책감은 임신 초기까지 거슬러 올라갑니다. 언젠가 친척 어르신께서 "네가 너무 오냐오냐하면서 키운 거 아니냐?" 하던 말이 다시 머릿속에 맴돕니다. 아이는 벌써 이렇게 컸는데 그동안 좋은 엄마가 아니었을까 봐 불현듯 무서운 마음도 듭니다.

공개 수업에서 엄마한테 인사 한 번 한 것 가지고 너무 심각한 생각은 하지 말자고 마음먹다가도, 지안이가 놀이터만 가면 피하는 아이들의 모습, 아이가 좀 개구지다며 말끝을 흐리던 어린이집 선생님의 얼굴이 머릿속에 스칩니다. '내가 지안이에 대해 너무 모르고 있던 게 아닐까?' 싶은 생각이 듭니다. 또래 아이들의 일상은 어떤

지, 지안이는 과연 그 아이들과 어떻게 다른지 궁금해져, 비슷한 나이의 아이를 몰래 CCTV로 관찰하고 싶기도 합니다.

지안아, 왜 그래.

좀 더 크면 나아지지 않을까

"학교 선생님이 상담하자고 연락을 주셨어요."

보통 3~4월에 상담이 몰립니다. 어린이집이나 유치원, 학교 등 새 학기가 시작되고 내 아이만 무언가 도드라진다고 느끼거나, 선생님의 직접적인 권유로 찾아오는 경우가 많습니다. 상담을 하다 보면 '정말 우리 아이에게 문제가 있는 것은 아닐까?' 하는 당혹스러운 마음이 부모들의 목소리를 통해 그대로 전해집니다. 여기저기 이빨 자국이 난 연필로 가득한 필통을 들여다보며 다른 아이들도 그러겠거니, 조금 더 크면 괜찮아지겠거니 고민하던 마음도 함께 말이지요.

대부분 부모는 아이가 주변에서 '유난스럽다'라는 말을 듣거나, '장난이 심하고 호기심이 강한 아이'라는 말을 들어도 처음에는 그다지 심각하게 받아들이지 않습니다. 물론 예전보다 학교나 유치원에서 있었던 작은 일 하나하나에 관심을 기울이고, 소아청소년정신과나 심리센터를 찾는 것에 대한 두려움이 줄어서 문제가 생기면 바로 심리 검사를 받아보는 부모도 늘어나고 있습니다. 하지만 대부분은 '크면 다 괜찮아질 거야'라는 희망으로 아이를 다독이기부터 합니다.

ADHD는 매스컴을 통해 널리 알려져서 이제 더 이상 낯선 질환이 아닙니다. 하지만 텔레비전에 나오는 ADHD 아이들은 대부분 과격하고 폭력적인 성향을 보이기 때문에, 많은 부모가 '우리 아이는 좀 산만하지만 저 정도로 심각하진 않으니 ADHD는 아닐 거야'라고 생각하기도 합니다.

방송에서는 실제 임상에서 관찰되는 것보다 훨씬 심각하고 극적인 사례를 보여주기 때문에 부모들이 ADHD에 대해 오해할 여지가 있습니다. 그래서 많은 부모가 텔레비전에 나오는 이미지를 기준으로 ADHD 여부를 판단하기도 하지요. 하지만 이런 판단은 '우리 아이가 치료를 필요로 하는 병적인 상황이 아니었으면…' 하는 부모의 희망뿐일 수 있습니다.

부모가 아이의 증상을 알기 어려운 이유

상담을 요청하면서 많은 부모는 대부분 양가감정을 보입니다. 아이의 문제가 정확히 발견돼서 산만함이 어서 해결되면 좋겠다는 마음과, 아이가 안 좋다는 검사 결과가 나오면 어쩌나 불안한 마음이 바로 그것입니다.

다음은 얼마 전 초등학교에 입학한 자녀를 둔 한 어머니가 보내주신 이메일입니다.

우리 아이는 선생님께 관심을 받고 싶을 때 일부러 떼를 쓰거나 장난을 치고 돌발 행동을 하곤 해요. 그래서 담임 선생님은 우리 아이를 호기심 많은 아이라기보다 문제 아이로 보시는 것 같아요. 실험한다고 물감에 물을 섞어 솜과 함께 그릇에 담아 사물함에 놓은 것을 부담임 선생님이 이상하다며 사진을 찍어 보내주기도 하셨습니다. 책을 읽거나 레고를 할 때는 집중력이 엄청나지만, 수업 시간은 힘든 모양입니다.

집에서 충분히 훈육하지만 쉽게 따라와 주질 않고, 기본 습관에 대해서도 늘 같은 말을 반복해야만 해서 엄마인 저 역시 많이 지쳐 있는 상태입니다. 또 우리 아이는 스스로 충분히 생각할 수 있는 것들을 반복해서 물어보기도 해요. 예를 들면 오늘의 요일이나 간단한 물건의 쓰임새 같은 것들이요.

단순히 어른들에게 관심을 받고 싶은 걸까요? 숙제는 꼭 해야 한다거나, 지켜야 할 교실 예절이 있다거나, 양치나 식사 예절을 알면서도 그 틀에서 자꾸 벗어나려고만 하고, 제대로 생활습관으로 흡수하지 못하는 느낌입니다. 부모가 사랑으로 감싸주는 것도 중요하겠지만, 어디서부터 단추가 잘못 끼워진 것인지 자책만 하는 것도 답은 아닌 듯해서 상담을 요청합니다.

아이가 산만하다는 걸 알고는 있지만, 한편으로는 아이를 문제 아로 보는 담임 선생님에 대한 약간의 원망과 서운함 그리고 부모로서 잘못된 양육을 한 것은 아닌지 하는 자책까지, 짧은 글에서도 엄마의 걱정이 느껴집니다.

검사 결과, 이 아이는 ADHD 진단 기준을 훌쩍 넘어서는 심각한 수준이었는데 부모는 검사 결과를 머리로는 이해하면서도 온전히 받아들이기 힘들어했습니다. 이렇듯 대부분 부모는 아이의 증상을 객관적으로 알기 힘든 상황에서, 혼란스러운 마음에서 벗어나기 위해 반신반의하며 내원하는 경우가 많습니다.

부모가 아이의 증상을 객관적으로 판단하기 어려운 이유는 무엇일까요? 산만함, 과잉 행동과 같은 증상은 커가며 점점 뚜렷해지지만, 오랜 시간에 걸쳐 서서히 진행되기 때문입니다. 의식하지 못하는 상태에서 반복해서 몸을 움직이거나 소리를 내는 틱 증상의 경우는 증상이 갑자기 나타나 눈에 띄기 때문에 문제를 바로 알아채기 쉽습니다. 하지만 서서히 뜨거워지는 물속에서 자기 몸이 익어가는 것을 모르는 개구리처럼, 주의력과 산만함의 문제는 오랜 시간 서서히 진행되어 가족들이 심각한 상황에 이르러서야 알아채는 경우가 많습니다.

따라서 부모가 아이의 ADHD 증상을 객관적으로 평가하는 것은 어려운 일입니다. 그래서 ADHD 척도를 알아보기 위한 설문 검사를 할 때, 부모가 담임 선생님보다 아이의 행동에 대해 더 긍정적으로 평가하는 경우가 많습니다. 오랜 기간 아이와 함께 지내면서 아이 행동에 대한 불편감에 '적응'해버렸기 때문입니다. 그러므로 부모의 자가 진단보다 전문가의 소견, 정확한 검사와 상담 등을 통해 객관적으로 아이의 상황을 올바르게 파악하는 것이 중요합니다.

누가 봐도
산만한 아이들

58개월 남자아이입니다. 한시도 가만히 있지 못하고, 앉아 있으라고 하면 몸을 배배 꼬거나 옆 사람을 시도 때도 없이 건드리거나 물건을 계속 만지작거립니다. 어린이집 복도를 지나가면서도 옆에 있는 물건들을 괜히 건드리고 가요. 네 살 때 어린이집 선생님께서는 아이가 옆에 있는 친구들을 자꾸 건드려 애들이 싫어한다는 말을 가끔 해주신 적도 있습니다.

무엇보다 친구랑 갈등이 있는 상황에서 말보다 손이 먼저 나가 무조건 물건을 뺏고 간혹 친구를 때리기도 합니다. 무슨 일이 있어도 때리지 말라고 몇 번을 말해도 소용없습니다. 가끔은 높은 곳에서 뛰어내리려고 하거나 위험한 행동을 즐기는 것처럼 느껴질 때가 있습니다. 뭔가를 하자고 하면 알았다고 하면서 당장 머릿속에 떠오르는 것들부터 하기 시작합니다. 예를 들면 약속된 시간에 학습지를 하자고 하면 알겠다고 책상에 앉기까진 하는데, 앉아서 갑자기 장난감이 보이면 그걸 먼저 조립해야겠다고 말하거나 색연필이 보이면 색칠 먼저 하면서 계속 딴청을 피웁니다.

다섯 살이 되니 유치원 선생님이 불러도 대답하지 않고, 학습할 때 똑똑하기는 하지만 주의 집중력이 또래보다 부족하다고 하셨습니다. 충동적인 행동이나 주의 집중력 부족은 기질적인 문제인지 후천적 환경의 문제인지 궁금합니다. 제가 보기엔 심각하게 산만한데 주변에서는 그 나이 아이들은 다 그런 것 아니냐며 괜찮다고 하네요. 그래도 걱정된다면 검사는 언제쯤 받아보는 게 좋을까요?

자극 추구 성향이 강한 아이

친구들과 다투고 높은 곳에서 뛰어내리는 것 같은 위험한 행동을 하는 아이, 정말 괜찮은 걸까요? 이 정도면 누가 봐도 산만하고 충동성이 강한 편이라고 할 수 있습니다. 이런 유형의 아이들은 신경세포들의 활동이 지나치게 활발합니다. ADHD의 'H'는 '과잉행동Hyperactivity'을 말하며, 이러한 타입의 아이는 전형적인 ADHD 증상을 보이는 아이라 할 수 있습니다. 즉, 기질적으로 자극을 추구하는 성향이 큽니다. 충동 억제력이 약한 아이들은 새로운 것을 보면 바로바로 호기심을 충족해야 직성이 풀리고 늘 부산한 모습을 보이곤 합니다. ADHD 진단을 받는 네 명 중 세 명의 아이는 이처럼 두드러지는 과잉 행동 문제를 보입니다. 자극에 지나치게 민감해서 주변 소음이나 빛에 예민하게 반응하느라 정작 집중해야 할 내용은 놓치기 일쑤지요.

이런 상황이라면 하루빨리 검사를 통해 아이의 문제 행동을 해결할 실마리를 찾아야 합니다. 어린이집에서 친구들이나 선생님과의 문제가 반복되면 정상적으로 사회성이 발달하는 데 큰 어려움을 겪을 수 있기 때문입니다. 예를 들어 친구들과의 상호 작용, 상대의 표정이나 말과 행동으로 의도 알아채기, 어른들 이야기에 귀 기울이기 등 아이의 성장 과정에서 반드시 해내야 할 여러 발달 단계를 기질 문제로 인해 제대로 발달시키지 못한 채 사회적으로 고립될 수 있습니다. 따라서 부모는 조기에 이러한 자극 추구 성향이 강한 아이의 특성을 파악하는 것이 무엇보다 중요합니다. 그렇다면 산만한 아이의 특징을 알아볼 수 있는 단서들은 일상 어디에 숨어 있을까요?

자극 추구 성향이 있는 아이의 7가지 특징

1. 까다로운 아이라 키우기 너무 힘들어요

자극 추구 성향이 강한 아이는 유아기 때부터 여러 특징을 드러냅니다. 쉽게 짜증을 내고, 초콜릿이나 과자 등 단것에 집착합니다. 감정 변화가 심하고, 규칙을 지키지 않으며, 마치 부모와 기 싸움을 하듯 고집 센 모습을 보여 심하게 혼을 내야 상황이 마무리 됩니다. 그 결과 부모는 부모대로, 아이는 아이대로 감정이 격해집니다.

2. 아이가 가만히 기다리지 못해요

가만히 한곳에 앉아 기다리는 것을 유독 힘들어합니다. 사람이 많은 터미널이나 병원 대기실에서도 숨바꼭질하듯 여기저기 돌아다녀서 부모의 마음을 졸이게 만듭니다. 급식을 기다리며 앞뒤에 서 있는 애꿎은 아이들을 괴롭히기도 합니다. 참을성이 없어서 새치기하거나 다른 사람의 이야기를 제대로 듣지 않아 남을 무시하거나 이기적이라는 오해를 받기도 합니다. 또 성취감을 느껴본 경험이 적기 때문에 즉각적인 보상이 없으면 애당초 시작하는 것 자체를 어려워하는 경우도 많습니다.

3. 어른들이 이야기하는 도중에 자꾸 끼어들어요

자극 추구형 아이는 다른 사람이 이야기하는 도중에 끼어들어서 훼방을 놓기 일쑤입니다. 수업 중에 선생님의 말씀에 갑자기 끼어들어 우쭐대며 수업 내용을 이야기해서 친구들에게 야유를 받거나, 모둠 수업을 할 때 다른 아이의 말을 가로채서 다투는 경우가 많습니다. 눈치가 없는 것처럼 보이기도 하고 심각한 경우 왕따와 같은 학교 폭력의 피해자로 이어질 가능성도 있습니다.

4. 자꾸만 엉뚱한 행동을 해요

자신을 뽐내고 싶어서 적절하지 않은 상황에서 엉뚱한 이야기로 웃기려고 하거나 수업 중에 선생님의 말꼬리를 잡고 반항하는 듯한 행동을 자주 합니다. 친구들로부터 주목받는 것을 즐기는 것처럼 보이고 처벌을 받아도 효과가 크지 않아 선생님이나 친구들로부터 문제아로 낙인이 찍히기도 합니다. 학년이 올라갈수록 이전에 자신이 했던 행동 때문에 친구를 사귀기도 어려워집니다.

5. 승부욕이 지나쳐요

지나치게 승부욕이 강해서 누가 봐도 자기가 잘못한 상황을 부정하거나 우깁니다. 그리고 어디서든 대장 노릇을 하려고 하고 크게 소리를 지르며 적당한 선을 모르는 것처럼 행동합니다. 친구들과 보드게임을 할 때도 미리 정해둔 약속은 까맣게 잊은 것처럼 마음대로 규칙을 바꾸기 때문에 친구들과 어울리기 어렵습니다.

6. 좋아하는 것만 공부해요

지능에 문제가 있는 것은 아니기 때문에 공부를 잘하는 경우도 적지 않습니다. 다만 성적의 기복이 심해서 좋아하는 과목에만 집중하고 관심 없는 과목은 내팽개치는 경향을 보이는 경우가 많습니다. 실제 지능 검사에서 높은 점수를 받은 아이들은 상대적으로 부모가 초등학교 때까지 학습에 대해 고민할 일이 적지만, 중·고등학교에 진학하면 수업 방식이 달라지고 배워야 할 과목도 늘어나 갑자기 성적이 떨어지는 경우가 많습니다.

7. 뻔한 거짓말을 반복하는데 고쳐지지 않아요

뻔한 거짓말을 하고 자주 혼나도 고쳐지지 않습니다. 학원을 가지 않고도 다녀왔다고 말하거나 남의 물건을 몰래 가져와서 다른 사람에게 받은 것이라고 이야기하기도 합니다. 당장 눈앞에 주어진 상황만 벗어나면 문제가 해결될 것이라고 생각하기 때문에 멀리 보지 못하고 순간순간 임기응변하는 경우가 많습니다. 자신이 마주한 상황을 다양하게 바라보고 유연하게 생각하는 능력이 부족하기 때문에 자기의 행동이 어떤 결과를 가져올지 잘 예측하지 못합니다. 외국에 간 적이 없는데 외국에 다녀왔다고 자랑하는 등의 자기 과시형 거짓말로 주목받는 것을 즐기기도 합니다.

얌전한데 사실은
산만한 아이들

저희 아이는 초등학교 3학년 남자아이입니다. 아직도 자기 물건을 잘 못 챙기고, 항상 친구가 많다고 하는데 제가 보기엔 그다지 인기가 많은 것 같지 않습니다. 성향 자체가 좋게 보면 초긍정, 나쁘게 보면 좀 우둔해 보이는 아이입니다.

집에서는 나름대로 숙제도 잘하고 공부도 열심히 합니다. 그런데 학교 선생님께서는 아이가 수업 중에 자주 넋 놓고 친구들과의 관계도 좋지 않다고 하시네요. 신경 써서 선행 학습도 시켰는데 중간중간 실수해서 틀리고, 친구들도 처음엔 '공부를 잘하나?' 생각했다가 점점 '아닌 것 같은데…' 하면서 멀어지는 게 반복되는 것 같습니다. 친구들과 어울리는 데 도움이 될까 싶어 태권도, 인라인스케이트도

시켜보았는데 두 달도 못 채우고 거부하네요. 신체 활동은 제가 봐도 좀 늦돼 보입니다. 겁이 많아서 그네도 얼마 전에야 타기 시작했는데 운동 신경이 너무 더뎌서 나중에 군대 가거나 사회생활을 하는 데 어려움이 있을까 걱정됩니다.

공부한 만큼 성적이 나오지 않는다면

이 아이는 집에서 공부도 열심히 하고, 부모님 말씀도 잘 듣는데 공부한 만큼 성적이 나오지 않아 검사를 진행한 사례입니다. 자극 추구 성향이 강한 아이들과 달리, 해야 할 일은 빼놓지 않고 모두 하는데 어딘가 2% 부족하게 느껴졌습니다. 그래서 부모는 아이의 문제를 딱 꼬집어서 말하기 어려워했고 오히려 묵묵히 할 일을 다하는 아이를 안쓰러워했습니다.

실제로 연구나 상담을 하다 보면 겉보기에는 얌전한데, 속은 매우 산만한 아이들을 심심치 않게 만나봅니다. 심지어 이 아이들의 경우 산만함이 겉으로 드러나는 자극 추구형 아이들보다 문제가 더 깊고 오래된 사례도 많습니다. 우여곡절 끝에 심리 검사를 받게 되면 의외의 결과에 부모들도 큰 충격을 받곤 합니다. 이처럼 안타까운 아이들의 문제 한가운데는 무엇이 있을까요?

조용한 ADHD란?

ADHD 진단을 받는 아이들 넷 중 하나는 주의력 결핍형 ADHD입니다. ADHD에서 과잉행동을 의미하는 'Hyperactivity'가 빠진 이 아이들은 ADD라고 표현하기도 합니다. 흔히 이야기하는 '조용한 ADHD'라고 할 수 있습니다. 여기에 속하는 아이들은 각성도가 낮아서 눈에 띄는 문제 행동을 하지 않기 때문에 주위에서 알아채기 어렵습니다. 그래서 치료 시기를 놓치거나 적절한 검사를 받기 어렵습니다. 또 주변 자극에 주의를 기울이지 못하고 느릿느릿 반응하여 주의를 '유지'하는 데 어려움을 겪습니다. 느린 아이라고 평가받으며, 지능에 비해 학업 성취도 결과가 좋지 않아 부모는 학원을 더 늘려야 하는 건 아닌지 외부에서 문제의 원인을 찾곤 합니다.

따라서 조용한 ADHD 아이들은 학년이 올라갈수록 성적과 함께 자존감도 떨어지는 경우가 많습니다. 부모의 기대에 부응하는 것이 큰 심리적 보상이었던 초등학교 저학년 시기를 지나면 아이는 늘어나는 학원 일정과 스트레스로 인해 짜증을 내고, 기대에 부응하지 못한 결과에 스스로 실망하고, 부모와의 갈등이 심해지기도 합니다.

더 큰 문제는 아이가 사춘기여서 그러는 거라고 여길 수 있다는 것입니다. 조용한 ADHD 아이의 주요 특징 중 하나가 '조용하지만, 공상에 자주 빠진다'는 것이기 때문에 사춘기 시절에 자기만의 시간을 갖고 싶어 하는 것과 유사한 모습을 보입니다. 하지만 아이 입장에서는 우울하고 자신감이 떨어져도 누구에게 도움을 청해야 할지 몰라 적절한 치료를 받기 어렵습니다. 그러므로 최대한 빨리 아이의 증상을 파악해야 정서적 발달은 물론 자존감, 사회성 문제를 해결할 수 있습니다.

멍 때리는 아이의 7가지 특징

1. 똑같은 말을 반복해도 알아듣는지 모르겠어요

방금 들은 이야기도 자주 놓쳐서 문제가 반복되면 마치 부모에게 반항하는 것처럼 보일 수 있습니다. 혹은 제대로 이해하지 않고 대답만 해서 결국 일을 그르치기도 합니다.

2. 뭐가 중요한지 모르고 시간 개념이 없는 것 같아요

등교 준비를 할 때마다 부모와 실랑이하느라 정신이 없습니다. 모두가 바쁜 아침 시간, 부모 속은 타들어 가는데 아이는 칫솔을 들고 화장실 거울 앞에 우두커니 서 있는 경우가 많습니다. 매일 하는 등교 준비인데 아이는 무엇을 먼저 해야 할지 순서를 모르고, 중요하지 않은 물건들만 챙기느라 자주 지적받습니다. 또 늘 무언

가를 열심히 하는데 결과도 제대로 나오지 않습니다.

3. 깊이 생각하지 못하고 규칙을 잘 몰라요

놀이 규칙을 잘 이해하지 못해 아이들에게 오해를 사거나, 자기가 잘못하고도 오히려 억울하다고 화를 냅니다. 정신적으로 집중해야 하는 책 읽기, 복잡한 계산이나 퍼즐·블록 맞추기에 흥미를 느끼지 못하고 회피하는 모습도 자주 보입니다. 초등학교 저학년 시기에는 단순 연산을 잘하는데, 고학년이 되어 접하게 되는 서술형 문제에는 유독 약한 모습을 보입니다.

4. 한 학기 동안 함께했던 짝꿍 이름을 몰라요

검사해보면 기억력에 문제가 있는 것은 아닌데, 늘 비슷한 문제가 반복됩니다. 한 학기 동안 함께 지낸 짝꿍의 이름을 기억하지 못하거나 준비물을 제때 챙겨가지 못하고 과제를 하거나 활동할 때 필요한 것을 지나치게 자주 잊어버립니다.

5. 실수로 물을 엎지르거나 컵을 자주 떨어뜨려요

개인차가 있지만, 대부분 손동작이 섬세하지 못하고 거칩니다. 이는 대근육과 소근육이 전체적으로 조화롭게 발달하지 못했기 때문입니다. 그래서 운동 신경이 떨어져 보이고, 무릎이나 팔꿈치를 자주 다칩니다. 왜 다쳤는지, 어디서 다쳤는지 물어봐도 잘 알지 못하는데 그 이유는 소근육과 대근육을 조절하는 데 어려움이 있어 일상적으로 자주 부딪히기 때문입니다. 근육 조절 능력이 떨어져 글씨를 쓰는 것도 힘들어하고 글씨의 크기도 일정하지 않아 알림장에 쓴 글씨를 제대로 알아보기 힘듭니다. 또 소근육 사용이 원활하지 못해 손에 힘이 많이 들어가서 글씨를 지나치게 꾹꾹 눌러서 연필심이 잘 부러지고, 글씨의 획도 일정하지 못합니다.

6. 공부한 만큼 결과가 나오지 않아요

조용한 ADHD 성향은 유아기 때 전두엽이 적절히 발달하지 못해 발생합니다. 그래서 영어 유치원에 다니는데도 알파벳을 모르거나 글씨 쓰는 것을 힘들어하는 경우도 많습니다. 이는 학습 장애나 난독증과는 다릅니다. 지능 문제가 없어도 노력에 비해 성적이 나오지 않는 경우가 많습니다.

7. 유튜브에 너무 빠져 살아요

텔레비전, 스마트폰, 동영상에 빠져 하루 종일 멍하니 모니터만 바라보는 경우가 많습니다. 이는 전두엽 기능 저하와 관련이 있는데, 이마 앞쪽에 위치한 전두엽은 충동을 막아주거나 주의력을 오래 발휘하게 해줍니다. 그런데 전두엽 기능이 저하되면 이를 제대로 통제하지 못하기 때문에 유튜브나 게임 등에 과하게 몰입하게 됩니다.

산만한 아이들에게도
특별한 능력이 있다

　한 시간이 훌쩍 넘는 강의를 주의 깊게 듣는 일은 아이가 아닌 어른들에게도 힘든 일입니다. 강의 도중에 멍하니 창밖을 바라보며 딴생각에 잠기거나, 물끄러미 손톱을 바라보며 괜스레 정리하고 싶다는 충동을 느끼기도 하지요. 이처럼 주의를 기울이고 유지하는 것은 어려운 일입니다. 하물며 새로운 자극에 민감하고, 가만히 앉아 있는 것보다 운동장에서 뛰어노는 게 좋을 아이들에게 한 시간 남짓 움직이지 말고 자리에 앉아 있으라고 하는 것은 어쩌면 불가능에 가까운 일인지도 모릅니다.

집중하는 것은 원래 힘든 일

지금은 당연하게 여기는 학교 교육은 사실 200년도 채 되지 않은 '발명품'입니다. "의무 교육이 점차 확대되었다"라는 교과서적인 표현은 학교에 가는 것이 원래 당연한 게 아니었다는 뜻이기도 하지요. 근대 이전의 농경 사회에서는 해가 뜨면 일을 시작하고, 해가 지면 집에 돌아가 저녁을 먹고 일찍 자는 것이 자연스러운 일과였습니다. 반면 산업 혁명 이후, 공장과 사무실이 생겨나면서 일이란 해가 뜨거나 비가 오는 것과 상관없이 '시간에 맞춰' 하는 것으로 변해갔습니다. 그래서 근대 사회는 늘 시간의 중요성을 강조합니다. 하지만 이것은 오랫동안 농경사회에서 살아왔던 사람들에게는 자연스럽지 않은 일이었습니다. 그래서 '의무 교육'을 통해 산업혁명 시대에 적합한 생활 방식을 가르치기 시작한 것입니다.

시곗바늘 보는 법을 가르치는 것이 얼마나 어려운 일인지 아이를 키워본 부모라면 누구나 느꼈을 겁니다. 고작 200여 년 남짓한 세월은 인간의 뇌가 가진 본능을 바꾸기에 충분한 시간이 아니기 때문에 그렇습니다. 6~7세 아이들이 40분 동안 한자리에 가만히 있다가 10분 쉬는 것이 가능하다면 그 자체로 대견한 일이겠지요. 하지만 공장처럼 규격화된 학교 교육이 아니었다면 충동성이나 멍 때리는 행동은 문제 되지 않았을 것입니다. 시험을 보기 때문에 주의력 문제가 생기는 것이고, 다른 아이들에게 방해가 되니 자리에서 일어나 돌아다니는 것이 문제가 되는 것이지요. 대부분의 부모 역시 집보다 학교생활에 대해 더 많이 걱정합니다. 하지만 현재의 교육 시스템이 하루아침에 바뀔 리 없으니 학교에 보내지 않을 수 없는 노릇이고, 결국 '적응'해야만 합니다. 그렇습니다. 지금 아이들에게 가장 필요한 것은 적응을 도와주는 일입니다.

결국 적응의 문제

2008년, ADHD와 관련한 흥미로운 실험이 발표되었습니다. 미국 노스웨스턴대학 인류학과 교수인 댄 아이젠버그와 위스콘신대학 신경인류학과 교수인 캠벨은 환경에 따라 ADHD를 바라보는 시선이 어떻게 달라지는지 알아보았습니다.

그들은 ADHD의 특징인 자극 추구, 왕성한 호기심과 관련한 유전자(DRD4)를 가진 사람들은 꽉 짜인 스케줄이 필요한 환경, 예를 들어 학교나 회사에 다니는 것이 매우 어렵다는 사실을 발견했습니다. 그렇다면 정확하게 그 반대의 삶이 가능한 곳에서도 ADHD 성향이 문제 되는지 실험해보기로 했습니다. 그들은 곧장 케냐로 날아갔습니다.

케냐에 도착한 아이젠버그와 캠벨은 두 부족을 만났습니다. 한 부족은 근대화된 학교와 회사에 적응한 그룹이었고, 다른 한 부족은 양과 소를 키우며 유목민의 전통을 그대로 유지하는 그룹이었습니다. 그리고 두 부족에서 ADHD 성향과 관련된 유전자를 가진 사람을 선별한 다음, 각각의 생활 방식에 얼마나 잘 적응하는지 살펴보았습니다. 과연 결과는 어땠을까요?

놀랍게도 유목민 전통을 유지하던 부족에서는 ADHD 성향을 가진 사람들이 그룹의 리더로 강력한 지지를 받고 있었습니다. 왕성한 호기심과 지칠 줄 모르는 에너지는 새로운 목초지를 발견하고, 야생 동물의 위협에 대처하는 데 탁월한 능력을 발휘했습니다. 반면 근대화된 학교와 회사에 적응한 부족에서는 ADHD 성향의 사람들이 무리에 섞이기 힘들어했고, 문제 있는 사람으로 낙인찍히는 일이 다반사였지요.

아이젠버그와 캠벨의 연구는 ADHD가 그 자체로 질환이 아니라는 점을 명백하게 이야기해줍니다. 타고난 성향이 사회 시스템과 얼마나 잘 맞아떨어지느냐에 따라 리더가 될 수도 있고, 낙오자가 될 수도 있다는 사실 말이지요.

소아 정신과적인 문제, 장애라고 막연히 알고 있던 ADHD는 결국 사회 시스템에 적응하지 못해 일어나는 문제를 해결하는 과정에서 나온 이름이지요. 난독증 역시 마찬가지입니다. 난독증은 글자를 읽고 여러 가지 복잡한 정보를 처리해야 직업을 구할 수 있는 현대 사회에서 태어났기 때문에 문제가 되는 것이지, 불과 100년 전 조선 시대만 하더라도 농사를 짓는 사람이 대부분이었기 때문에 아무런 문제가 되지 않았을 것입니다.

실제로 우리의 뇌는 생활에 필요한 모든 것을 타고나게 됩니다. 그래서 누가 가르쳐주지 않아도 몇 년 지나지 않아 아기들이 말을 배우는 것이지요. 반면 글자는 반드시 누군가가 가르쳐주어야 합니다. 뇌에는 '말하기'에 특화된 영역(브로카, 베르니케 영역)은 있지만, 글자 '읽기'에 특화된 영역은 존재하지 않기 때문입니다. 말하기는 본능적으로 타고나는 능력이지만 글 읽기는 후천적으로 학습돼야 하는 능력이기 때문에 어려운 것이지요. 따라서 난독증은 반드시 글자를 읽고 정보를 처리해야 하는 현대 사회가 되어서야 적응이 어려워진 아이들을 돕기 위해 진단하는 것이지, 그 자체로 심각한 장애라고 보기는 어렵습니다.

진단명이라는 함정

'ADHD', '난독증'과 같은 질환명은 소통을 위한 도구입니다. 진단의 편의를 위해 의사와 심리학자들이 소통하기 위한 개념이지요. 일반적인 병명과 달리 정신과적 질환명은 일정한 사회적 적응도를 기준으로 갖습니다.

예컨대 폐렴에 걸린 사람은 시대와 지역을 초월하여 어디에서든 '환자'이지만, ADHD 진단을 받은 사람은 시대와 지역에 따라 문제가 될 수도, 되지 않을 수도 있습니다. ADHD는 엑스레이나 MRI를 통해서 진단되는 것이 아니라 전체 아이들을 놓고 통계를 통해 '정상 범주'를 규정한 다음, 주의력이 부족하거나 행동이 과한 범위를 진단 내리는 '범주형 진단'입니다.

따라서 진단명이 임상에서 치료를 담당하는 의사와 심리학자에게는 중요하지만, 실제 아이와 함께 생활하는 부모에게는 오히려 독이 될 수도 있다는 점을 기억해야 합니다. 제가 만난 대부분의 부모 역시 검사 결과를 듣고는 그 나이 또래 아이들이 충분히 할 수 있는 사소한 행동까지 문제가 있는 것은 아닐까 의심하고 혼란스러워했습니다. 상담자로서 중간중간 또래 아이들이 할 수 있는 행동과 문제 행동을 구별해주지만, 부모들의 불안은 쉽게 가라앉지 않았습니다.

그러나 중요한 것은 아이에 대한 부모의 믿음과 사랑입니다. 아이의 특성을 있는 그대로 받아들이고, 가정에서 효과적으로 지도하고 칭찬해주는 것만큼 중요한 일은 없습니다. 그 어떤 의사나 심리학자도 늘 곁에서 안아주고 챙겨주는 부모의 사랑보다 효과적인 치료법을 내놓을 수는 없습니다.

산만한 아이의 편이 되어주는 3가지 방법

1. 아이의 행동을 있는 그대로, 애정으로 봐주세요

누구나 타인의 반응에 민감합니다. 어른들에게 절대적으로 의존해야 할 아이들은 더욱더 그렇고요. 아이는 부모의 기분을 기가 막히게 알아채는 능력이 있습니다. 아이들은 주변 사람들이 자기에게 어떤 기대를 하느냐에 따라 다른 영향을 받는 것으로 알려졌습니다. 아이를 사랑으로 바라보면 아이는 사랑을 느끼고, 불안과 의심의 눈으로 바라보면 아이 역시 불안해집니다.

2. 아이에 대한 책임을 모두 지려고 하지 마세요

여러 연구에 의하면 ADHD 성향 아이를 키우는 부모들의 '양육 효능감'이 유달리 낮은 것으로 보고됩니다. 쉽게 말해 아무리 이야기해도 아이가 부모 말을 듣지 않으니 '아, 나는 부족한 부모인가 보다. 좋은 부모가 아니야'라고 생각하게 되는 것이죠. 그런데 효능감이 떨어진 마음 깊은 곳에는 '아이를 변화시킬 수 있는 사람은 나밖에 없으니까'라는 과도한 책임감이 자리하고 있습니다. 그래서 마음을 졸이며 아이의 일거수일투족을 지켜보고 사소한 것까지 챙겨주려 하지만, 오히려 아이는 잔소리로 여기거나 반항하는 모습을 반복해서 보입니다.

이런 부모에게 필요한 것은 아이에 대한 책임감을 좀 덜어내고, 산만하고 충동적인 아이일지라도 충분한 자생력이 있다고 믿는 것입니다. 모든 아이는 세상을 살아가고 적응할 힘을 갖고 태어납니다. 나름대로 배우고 성장하며 나중에는 놀라울 정도로 달라질 것입니다.

인본주의 심리학자 칼 로저스는, 사람은 이미 좋은 방향으로 성장하는 힘이 있기 때문에 좋은 방향으로 이끌어줄 필요보다 그것을 가로막는 장애물만 치워주는 것만으로 충분하다고 이야기한 적이 있습니다. 아이를 믿고, 부모의 지나친 개입은 간섭이 된다는 사실을 기억해주세요.

3. 경청과 공감 그리고 격려가 중요해요

ADHD 진단을 받은 아이들은 사실, 주의력 문제보다 또래 관계에서 얻는 마음의 상처로 더 힘들어하는 경우가 많습니다. 누구와 놀아도 좋은 이야기를 듣기 어렵고, 심지어 부모조차 지적하고 혼을 내기 때문에 문제가 생겨도 입을 꾹 다물고 혼자서 우울감을 느끼게 되지요. 그래서 반드시 집에는 너의 편이 있다는 사실을, 엄마 아빠가 네 편이라는 사실을 아이가 느낄 수 있도록 노력해야 합니다. 그리고 그 시작은 아이의 이야기를 끝까지 들어주는 것입니다. 말은 쉽지만 아이의 터무니없어 보이는 이야기, 잘못된 사실을 들으면 그것을 바로잡아주고 싶은 마음이 나도 모르게 앞섭니다. 일단 아이의 편에 서서 지적보다는 공감해주고, 상황에 대해 경청해주세요. 흔들림 없는 부모의 정서적 지지는 아이의 자아 존중감을 높이는 가장 효과적인 치료제입니다.

산만한 아이의
특별한 능력을 키워주려면

앞서 아이젠버그와 캠벨의 연구에서 케냐의 유목민 리더들이 ADHD 성향이 있는 사람들로 이루어져 있다는 사실을 알 수 있었습니다. 아이의 성향이 무조건 고쳐야 할 것이 아니라, 상황에 따라서는 유용한 재능이 될 수 있다는 것 말이지요. 따라서 산만한 아이의 부모는 지지와 격려를 넘어 아이가 가진 고유한 장점과 특별한 능력을 알고 일깨워줘야 합니다. 각자가 가진 고유한 '틈새'를 찾거나 만들어낼 기회는 분명히 존재합니다.

하지만 학교라는 시스템은 개인적 차이를 모두 맞춰주기 힘들기 때문에 결국 부모가 아이에게 맞는 특별한 서비스를 찾아줘야 하는 것이 현실입니다. 어른이 되면 성공에 이르는 길이 다양하다는 것을 알게 되지만, 막상 내 아이를 키우는 과정에서는 이 사실이 머릿속에 잘 떠오르지 않습니다. 따라서 지금 주목해야 하는 건 그 누구도 아닌, 내 아이가 가진 특성을 파악하고 장점을 극대화하는 것입니다.

하버드대학 교육대학원에서 두뇌 교육 프로그램 연구소를 맡고 있는 토드 로즈 교수는 중학교 때 ADHD 진단을 받은 뒤 성적 미달로 고등학교를 중퇴한 경험이 있는 독특한 인물입니다. 토드 로즈 교수는 공교육이 획일적인 평균주의의 함정에 빠지는 것을 경계하고 경고하는 것으로도 유명합니다. 특히 획일적인 주입식 교육과 입시 문제로 수십 년간 진통을 앓아온 우리나라에게는 그의 목소리가 더욱 각별한 울림을 줍니다.

주입식 교육이 모두에게 좋은 것은 아니라는 걸, 평균이란 더 빠른 아이에게도, 더 느린 아이에게도 딱 맞는 교육이 아니라는 걸 대충이나마 알면서도 여전히 내 아이가 다른 아이들보다 두어 달이라도 진도가 늦거나, 수업에 잘 따라가지 못한다는 식의 피드백을 받으면 불안합니다. 아이가 '평균'에 미치지 못한다는 것을 무언가 문제가 있는 것으로 받아들이기 때문입니다. 전국에 비행기도 뜨지 않을 만큼 조용해지는 대학수학능력시험 날은 한국 사회가 얼마나 획일적인 교육과 평가의 틀에 사로잡혀 있는지 보여주는 사례입니다.

산만한 아이들이 가진 특별한 재능이 평균적이고 표준적인 결과를 내기 바라는 공교육 안에서는 빛을 발하기 어려울 수도 있지만, 4차 산업혁명을 앞두고 급격하게 변화하고 있는 지금 사회에서는 사정이 조금 달라질 것으로 보입니다.

온라인과 오프라인 세계가 긴밀하게 연결되는 미래 세상에서는 평균적인 보통 사람보다 개개인의 특기와 장점을 적재적소에서 활용할 수 있도록 연습된 창의적인 아이들의 역할이 늘어날 것입니다. 넓은 시야를 가진 사령관이자 기존 규칙에 얽매이는 것을 힘들어하는 창의력 대장인 우리 아이들이 어떤 활약을 할 수 있을까요? 산만한 아이는 일반적으로 다음과 같은 특별한 능력을 갖추고 있습니다.

• 넓은 시야를 가진 사령관

ADHD 성향을 가진 케냐 유목민 리더들이 위협적인 상황에서 효과적으로 대처할 수 있었던 이유는 넓은 시야를 가지고 미세한 소리나 움직임에 금세 반응할 수 있는 기민함 때문이었습니다. 인류의 먼 조상들이 사냥꾼 유전자를 가지고 있었다는 것을 고려하면, 이는 생존에 특화된 장점이라고 볼 수 있습니다. 그래서 적절한 학습 방법만 제공하면 새로운 변화에 민감하고, 호기심이 왕성한 이 아이들은 누구보다 재미있고 효과적으로 공부할 수 있습니다. 물론 그렇기 때문에 끊임없이 화면이 변하는 비디오 게임에 그토록 몰입하거나, 수업 중에 한눈을 파는 일도 있겠지만 말이지요.

• 규칙에 매이는 것을 싫어하는 창의력 대장

규칙을 지키는 것은 누구에게나 번거로운 일입니다. 산만한 아이는 새로움을 추구하는 성향이 강하기 때문에 매일 반복되는 일, 정해진 규칙을 그대로 따르는 일에 본능적으로 거부감을 느끼기 쉽습니다. 정해진 방법이 아닌 다양한 수단을 통해 자기 목표에 도달하는 것이 더 좋은 일이라고 생각하곤 하지요. 그래서 인과 관계가 분명한 이야기보다는 뜻밖의 사건과 사고에 열광합니다.

• 실험을 좋아하는 과학자

눈앞의 구체적인 사물을 관찰하는 데 그 누구보다 뛰어난 능력을 보입니다. 미처 남들이 보지 못한 부분을 눈여겨보고 엉뚱한 접근을 하는 것 같지만 누구보다 창의적인 결과물을 만들어내곤 합니다.

• 빠른 보상에 만족하는 신속한 사냥꾼

사냥꾼 유전자가 강한 아이들은 오랜 기간, 예를 들어 6개월 이상 노력하여 결과를 얻는 농부의 생활을 이해할 수 없습니다. 추적과 관찰, 순간적인 민첩성을 사용하여 사냥을 하지요. 계획을 해도 일주일을 넘기는 사냥은 하지 않습니다. 따라서 산만한 아이들은 단기적 보상에 강하고, 단시간 내에 손으로 만질 수 있는 보상을 통해 동기 부여해야 합니다.

일단 움직이는 것은 큰 강점이다

Build it to see if it really works.
실제로 작동하는지 확인하고 싶다면, 먼저 만들어보라.

이는 소위 '공학의 원칙'으로 알려진 표현입니다. 이 표현의 속 뜻은, 실패해도 좋으니 머릿속으로만 고민하지 말고 일단 행동하 고 만들어보라는 것입니다.

컴퓨터 공학을 기반으로 세워진 구글은 이러한 창의적 시도에 누구보다 많은 투자를 한 회사입니다. 구글 직원들은 전체 근무 시 간 중 20% 동안 마음 내키는 대로 돌아다니며 즉흥적인 아이디어 를 개발하도록 지원받습니다. 가만히 앉아 생각만 하는 것보다 일 단 움직이고 만들어보고 실패에서 배우는 것이 창의적인 성과물 을 내는 데 도움이 된다는 믿음 때문이지요. 실제 그 효과는 결과 로 나타납니다. 지메일과 구글 뉴스를 포함하여 구글이 내놓은 새 로운 서비스의 50%는 바로 그 '20%의 시간'에서 나왔기 때문입 니다. 그리고 이러한 구글의 정책은 산만함, 자극 추구 성향을 가 진 인재들에게도 능력을 발휘할 환경을 만들어주면 회사 역시 성 장할 수 있다는 것을 증명합니다.

구글의 사례가 말해주듯이 무엇이든 일단 시도해보는 것이 중 요하다는 공학의 원칙은, 산만한 아이의 장점을 극대화하는 데에 중요한 방법으로 사용될 수 있습니다.

첫 번째 이유는 산만한 아이들이 추상적인 것보다 구체적인 사물을 더 잘 다루기 때문입니다. 두 번째 이유는 산만한 아이에게는 장기적 계획이나 탐구에서 얻어지는 보상보다 단기간에 구체적인 사물을 만들어 얻는 보상이 더 적절하기 때문입니다. 오랜 시간 고민해야 하는 1,000피스 퍼즐보다 뚝딱뚝딱 20여 분 만에 만들어 내는 쿠키가 산만한 아이에게는 더 적절한 보상이라는 것이지요.

하지만 창의성은 결코 순간적으로 번뜩이는 아이디어만으로 찾아오지 않습니다. 형태가 완전히 파괴된 추상화를 그리기 위해 피카소가 아이디어를 발전시키며 수십 장의 스케치를 남긴 것처럼 여러 번 시도하는 것이 중요합니다. 머릿속 아이디어를 대충이나마 몸소 실현하고 구현해가며 실체화하는 과정에서, 실수를 통해 창의적인 결과물이 나오는 경우도 많습니다. 예컨대 우리가 자주 사용하는 포스트잇도 더 강력한 접착제를 발명하려다 우연한 실수로 탄생한 물건인 것처럼 말이지요.

창의성은 말 그대로 새로운 것을 시도해보고자 하는 호기심이자 행동력입니다. 그래서 정해진 규칙을 따르는 것보다 호기심과 행동이 앞서는 산만한 아이들이 새로운 아이디어를 내거나 시도하는 데 훨씬 빠른 경향을 보일 수 있습니다.

학교에서 교칙을 잘 지키고 정해진 학습 패턴을 잘 익히는 아이들은 익숙한 해결 방법을 선택합니다. 수천 번 연습해본 일을 하는 것이 안전하다고 배우기 때문에 새로운 영역에 과감히 뛰어드는 일을 위험하다고 판단하는 경우도 많습니다. 반면 산만한 아이들은 일차적으로 자신의 감정과 순간 주어진 상황에 몰입하는 능력이 뛰어나기 때문에 일단 떠오른 생각을 행동에 옮기고 스스로 판단하기를 즐겨합니다.

물론 선생님이나 부모 입장에서는 아이가 말을 안 듣는 것처럼 보일 수 있지만, 아이 입장에서는 나름의 시행착오를 연습해가는 과정일 수도 있습니다.

엉뚱한 생각이 반짝이는 창의력으로

앞뒤 맥락 없이 툭툭 튀어나오는 말을 그대로 내뱉어서 부모님을 당황하게 만드는 산만한 아이, 과연 단점만 있는 걸까요?

과학자들은 산만한 아이의 엉뚱함이 어떻게 새로운 아이디어를 만드는지에 대해 다른 이야기를 들려줍니다. 영국의 신경 과학자 폴 하워드 존스는 간단한 과제를 통해 창의성을 끌어내는 흥미로운 실험을 한 바 있습니다. 먼저 사람들에게 세 가지 단어만 이용해서 이야기를 지어내게 했습니다. 참가자 절반에게는 '닦다', '이', '반짝이게 하다'처럼 서로 밀접한 연관이 있는 단어를 사용해 '창의적이지 않은' 글을 쓰라고 주문했습니다. 그랬더니 대부분의 사람이 다음과 같은 느낌의 글을 제출했습니다.

어린이들은 이를 '반짝이게 하려면' '이'를 '닦아야' 하며 이가 반짝거리지 않으면 친구가 생기지 않을 거라는 말을 듣는다. 그래서 어린이들은 매일 밤 이를 닦아 반짝이게 만든다.

나머지 절반에게는 '소', '지퍼를 잠그다', '별'과 같이 전혀 공통점이 없는 단어들을 골라 주고 최대한 창의적인 이야기를 만들어 보라고 했습니다. 이렇게 해서 나온 이야기들은 새로운 내용을 담고 있는 것처럼 보였습니다.

'소'는 달을 뛰어넘을 수 없다고 생각하는 사람들에게 신물이 나서, '별'을 뛰어넘기로 했다. 그러기 위해 소는 특수한 로켓용 옷을 입었다. 소는 우주복 '지퍼를 잠근' 후 로켓을 타고 별 위로 날아올랐다.

하워드 존스는 실험에 한 가지 변화를 더 주었습니다. 서로 관련이 있는 단어를 고른 사람들에게 이번에는 창의적인 이야기를 만들라고 한 것이지요. 한 사람은 '발로 차다', '축구', '골'처럼 연관된 단어를 가지고 다음과 같은 창의적인 이야기를 내놓았습니다.

할 일이라고는 하나도 없는 무인도에 버려진 나는 수박을 '발로 차고' 다녔다. 수박 차기를 굉장히 잘하게 된 나를 지나가던 배가 마침내 구해주었고 나는 그 지역 '축구'팀에 들어오지 않겠냐는 제안을 받았다. 나는 많은 '골'을 기록했고 얼마 되지 않아 놀라운 재능을 지닌 선수로 인정받았다.

반면 서로 관련 없는 단어를 고른 사람들에게는 창의적인 글을 쓰지 말 것을 주문했습니다. 어떤 참가자는 '구름', '내리치다', '포도'라는 연관성이 없는 단어들로 이런 이야기를 만들었습니다.

나는 얼마 전 먹구름이 낀 하늘을 올려다보았다. 하늘은 정말 컴컴했고 어느 '구름' 하나에서 번개가 튀어나올 것처럼 보였다. 이윽고 진짜 벼락이 '내리쳐서' 내가 먹고 있던 '포도'송이를 때렸다.

무인도에서 수박을 발로 차고 다닌 이야기와 벼락이 내리친 포도 가운데 어떤 이야기가 창의적으로 느껴지나요? 선택한 단어의 연관성이 중요했을까요 아니면 창의적으로 이야기를 만들려는 의도가 중요했을까요? 연구 결과, 서로 관련 있는 단어보다 서로 관련 없는 단어로 이야기를 만들 때 창의성이 더욱 발현되는 것으로 나타났습니다. 연구자들이 연구 결과에 따르면 서로 무관한 단어를 결합할 때 뇌의 전측 대상피질과 내측 전두이랑처럼 문제 해결 및 수준 높은 사고와 관련 있는 여러 뇌 부위가 활성화되기 때문입니다.

이 연구는 서로 관련이 없어 보이는 아이디어가 더 창의적인 결과를 낼 수 있고, 애초에 창의력을 발휘하려는 의도가 없어도 산만한 아이의 엉뚱한 사고 과정과 단어의 나열이 신선한 이야기를 만드는 시작점이 될 수 있다는 것을 시사합니다.

이 실험을 당장 아이에게 시켜보아도 좋습니다. 다음 세 단어를 이용해 네 문장이나 다섯 문장으로 된 이야기를 만들어보는 것도 흥미롭습니다.

새우깡 / 엘리베이터를 타다 / 방패

이번에는 다음 세 단어로 창의적인 이야기를 써보고 앞선 이야기와 비교합니다.

선생님 / 공책 / 의자

서로 연관이 있는 단어로 창의적인 이야기를 쓰는 것은 더 어렵습니다. 단어끼리 자동적으로 연결되지 않도록 해야 하는데 이미 '선생님', '공책', '의자'는 단어를 듣자마자 이야기의 배경이 학교나 교실로 축소될 확률이 높아 상상의 폭도 줄기 때문입니다. 대개 서로 어울릴 법하지 않은 것들끼리 섞일 때 더욱 엄청난 결과가 도출

됩니다. 그리고 이 생각이 창의적인 사고의 근간입니다. 산만한 아이가 가진 엉뚱한 매력은 바로 이 지점에서 빛날 수 있습니다.

산만한 아이가 문제를 해결하는 방법

우리가 이룬 것만큼, 이루지 못한 것도 자랑스럽다.

아이폰으로 유명한 애플의 창립자, 스티브 잡스가 남긴 말입니다. 실패의 경험도 성공만큼 중요한 가치로 삼았던 스티브 잡스도 우여곡절이 많았기에 이런 말을 할 수 있었을 것입니다. 입양아로 자랐던 잡스는 아이들이 고아라고 놀리는 바람에 창고에 틀어박혀 이것저것 만들기를 좋아했습니다. 쉽게 흥미를 갖다가도 금세 질려 하는 잡스에게 창고에 쌓인 고철 더미를 만들고 분해하고 실패하는 것만큼 자기 재능을 펼칠 수 있는 일도 없었지요. 성인이 되어서도 금세 흥미를 잃어버리는 습성은 그대로여서, 리드칼리지에 입학한 지 한 학기 만에 중퇴를 합니다.

크고 작은 실패를 거친 스티브 잡스가 결국 애플이라는 엄청난 IT 회사를 키운 저력은 어디서 비롯된 걸까요? 그것은 실패 경험에도 가치를 두는 잡스의 독특한 학습 과정에 있습니다.

컴퓨터 프로그래머는 프로그램 오류를 '버그bug'라고 부릅니다. 컴퓨터 프로그래머가 '디버깅debugging' 한다는 것은 이런 오류를 찾아내어 고친다는 뜻인데, 이 디버깅은 오류를 수정할 뿐 아니라 창의성을 북돋는 수단이 될 수 있습니다.

실제로 산만한 아이는 엉뚱한 질문을 내놓기도 하고, 뒷일은 생각하지 않고 일단 저지르고 보는 충동성 때문에 골칫거리로 여겨집니다. 그래도 당장 화내지 말고 아이에게 행동의 이유를 물어보면 나름의 답을 할 준비는 언제나 되어 있지요.

이러한 버그 발견의 대가 중 한 명이 바로 스티브 잡스였습니다. 그가 만든 아이폰을 가만히 살펴보면 완전히 새로운 핸드폰을 발명한 것이 아닌 이미 있던 제품을 새로운 시각으로 바꾸어 '새로운 경험을 창조'했다는 것을 알 수 있습니다. 예를 들어 잡스는 아이폰을 설계할 때 화면이 열쇠에 긁히지 않도록 플라스틱 대신 유리를 고집했습니다. 기존 휴대폰들이 원가나 제품 무게 등을 고려해 플라스틱 재질을 고집한 것에 비해 유리를 사용하는 것은 여러모로 껄끄러운 일이었음에도 말이지요. 유리를 사용하면서 필연적으로 예상치 못한 개발 실패가 반복되었지만, 결국은 아이폰만이 가진 장점으로 특화되기도 했습니다. 열쇠에 긁히는 게 싫다는 사소한 불편함이 새로운 제품을 만든 것입니다.

작은 자극에 예민하고, 기질적으로 까다로운 산만한 아이들은 버그(불편함)를 잘 발견하거나, 버그(독특한 발상이나 행동)를 잘 일으키기도 합니다. 이를 버그를 일으킨 데서 그치지 않고, 디버깅

(오류 찾아내기) 과정을 연습시키는 데 활용할 수 있습니다. 게다가 예상치 못한 아이의 발상을 함께 다듬어나가는 과정에서 잠재력을 발견한다면 이는 아이의 미래까지 바꿀 수 있을 것입니다. 산만한 아이들은 오랫동안 지속적인 생각을 하는 게 힘들 뿐이지, 관심 있는 것에는 누구보다 집요하게 붙들고 사물의 본래 쓰임새와 다른 부분으로 생각을 전환하는 데 탁월한 능력을 갖추고 있습니다.

집에서 아이와 창의력을 키우기 위해 '불편한 물건 바꾸기' 연습을 시작해보세요. 아이와 함께 이런저런 이야기를 나누다 보면 '우리 아이가 이런 생각을 하다니!'라고 감탄하는 상황이 연출될 수 있습니다. 정말 사소한 물건들, 예컨대 냉장고, 칫솔, 열쇠, 화장실 변기처럼 매일 사용하는 물건에 대해 생각해보는 것부터 시작할 수 있습니다. 먼저 매일 사용하는 어떤 물건의 모든 단점을 생각나는 대로 다 적어보는 겁니다.

예를 들어 변기에 대해 생각해봅시다. 아이들과 함께해보았더니 '뚜껑이 제멋대로 닫힌다', '겨울에는 앉아 있기 차갑다', '변기 테두리를 청소하기 거북하다', '물 내려가는 소리가 너무 커서 민망하다', '앉아 있는 시간이 지루하다' 등 여러 단점을 떠올렸습니다.

목록을 다 작성하면 이런 버그를 없애는 법, 즉 사용하기 쾌적하게 만드는 방법에 대해 함께 생각해봅니다. 아이와 함께 고민하고, 문제를 해결하는 과정은 산만한 아이의 지적인 잠재력을 창의적으로 풀어내는 좋은 경험입니다. 특히나 부모와 함께 고민하고, 실제 문제를 해결하는 경험은 큰 자산이 됩니다. 이때 주의할 점은 터무니없는 이유란 없다는 겁니다. 큰 종이를 펼치고 아이와 함께 생각나는 대로 신나게 써보는 것이 중요합니다.

또 미리 정해진 답이 있는 학교 공부와는 달리 실생활에서 바로 해결할 수 있는 내용으로 의미 있는 결과를 만든다면, 아이는 자신의 호기심이나 생각이 실제로 가치 있다는 것을 스스로 느끼고 동기 부여하는 내적인 힘을 기를 수 있습니다.

일상을 낯설게 보는 능력

산만한 아이들은 규칙을 싫어하는 만큼이나 새로움에 열광합니다. 늘 같은 공간, 같은 물건을 보더라도 이리저리 나름의 관점으로 새로운 특성을 발견하거나 남들이 예상하지 못했던 방식으로 물건을 가지고 노는 경우도 종종 볼 수 있지요. 그리고 이러한 산만한 아이들이 가진 성향은 그 아이들의 뇌가 패턴이나 규칙에 익숙한 아이들과 다른 방식으로 움직인다는 것을 반영하기도 합니다.

뉴욕대학 의과대학의 신경학자인 로돌포 이나스는 우리가 보는 것의 대부분은 뇌가 만들어낸 심상이라고 이야기합니다. 이나

스의 연구에 따르면 우리가 보는 것 중 20%만이 외부 세계에서 들어온 정보에 바탕을 두고, 나머지 80%는 우리의 '마음'이 채우는 것이라고 합니다.

스타벅스에서 커피를 시켰을 때를 생각해봅시다. 대부분의 사람들은 흰 머그잔에 그려진 스타벅스의 로고를 자세히 살피지 않습니다. 왜냐하면 이미 너무도 익숙해진 이미지이기 때문에 스타벅스 로고의 세이렌 그림에 자극을 받지 않기 때문이지요. 그런데 스타벅스의 로고와 비슷한 형태로 그려져 있는 유사 상표를 볼 때도 사람들은 스타벅스 로고로 착각하곤 합니다. 그 이유는 이나스가 이야기했듯, 뇌는 처음 보는 것이라도 늘 익숙한 것으로 바꿔 받아들이기 때문입니다.

이 같은 뇌의 착각은 성장하면서 점점 더 자동적으로 이뤄집니다. 뇌 속에 누적된 데이터가 많을수록, 즉 나이가 많아질수록 주변 환경에 대해 이미 많은 정보를 가지고 있기 때문에 새로운 것도 내가 알고 있는 것으로 '착각'해 대충 해석하는 경우도 많아집니다. 어린 시절에는 새롭고 신기한 게 많았는데, 나이가 들어서는 새로운 것도 익숙한 것처럼 느껴져 시큰둥해지는 것이죠.

반면 산만한 아이들은 이런 일상적 자극에도 민감하게 반응합니다. 매일 보는 스타벅스의 머그잔일지라도 처음 보는 것처럼 신기하게 살필 수 있고, 조명에 따라 다르게 반사되는 컵의 흰 빛깔을 유심히 바라보고 그림을 그릴 수도 있습니다. 산만한 아이들은 뇌세포의 활동이 일반적인 아이들에 비해 활발하기 때문에 충동성이 강하지만, 동시에 들어오는 수많은 감각을 느끼고 처리하느라 일반적인 방식으로 사물을 바라보는 게 익숙하지 않을 확률이 높습니다.

이런 특성은 창의적으로 사물을 보고 해석하는 토양이 되기도 합니다. 이는 반드시 시각에만 국한된 것이 아니며, 보고 듣고 맛보고 만지는 모든 과정에서 나타날 수 있습니다. 따라서 낯설게 바라보고 파악하는 특성은 아이의 창의적 재능으로 발현되는 경우가 많습니다.

글로벌 기업이 산만한 인재를 찾는 이유는?

2017년 〈하버드 비즈니스 리뷰〉에서는 신경 다양성neuro-diversity을 가진 인재를 발굴하여 좋은 성과를 내는 글로벌 기업들을 소개한 바 있습니다. 모든 사람에게 저마다의 개성이 있는 만큼, ADHD나 난독증 증상이 있더라도 '다른 방식의 능력이 있는' 인재라는 생각이 확산되기 시작한 것입니다. 신경 다양성을 가진 사람들은 사물을 관찰하고 받아들이는 방식 자체가 일반 사람과 다르기 때문에, 그들이 새로운 가치를 창조하려는 기업들에 새로운 시장을 열어주는 사례가 지속적으로 보고되고 있기 때문이지요.

신경 다양성 인재는 기억력, 패턴 인식, 수학 등의 분야에서 특출한 능력을 보이는 것으로 알려져 있습니다. 그들의 뇌가 그렇지 않은 사람의 뇌와 다르게 배열되어 있기 때문에 새로운 과제를 다룰 때 남다른 시각을 제시하는 경우가 많습니다. 즉, 창의력을 가진 인재가 많을 수 있습니다.

신경 다양성 프로그램을 대규모로 시행하는 휴렛패커드 엔터프라이즈HPE 사는 놀라운 일을 경험한 적이 있습니다. 이 회사의 신경 다양성 인재가 프로젝트가 출시되기 직전에 다른 직원 누구도 발견해내지 못한 결함을 발견하여 큰 손실을 막은 것입니다. 이 외에도 마이크로소프트, 포드 등 많은 글로벌 기업이 신경 다양성 인재를 활용하기 위해 회사의 시스템을 개혁하고 있습니다. 특히 4차 산업혁명의 선두에 있는 기업, 구글은 적극적으로 신경 다양성 인재를 찾고 있는 것으로 유명합니다.

4차 산업혁명의 주인공이 될 아이들

구글의 인사 담당자 카일 유윙은 '구글러'가 되기 위한 가장 중요한 조건으로 '위험 감수risk taking'를 강조했습니다. 그는 "혁신의 기준이 되는 가장 중요한 자질은 바로 위험 감수"라며, 구글은 실패하더라도 손가락질하거나 비판하지 않는 문화를 갖고 있다는 점을 이야기합니다. 앞서 제시한 산만한 아이들이 가진 특별한 재능 중 하나가 바로, 규칙에 매이지 않고 새로운 것을 발견하는 탁월한 능력입니다. 이는 구글이 원하는 인재상에 정확하게 부합합니다.

특히 4차 산업혁명의 초기인 현재, '실패를 통한 학습'은 산만한 아이들이 가진 창의성, 디버깅 능력을 발휘하는 데 큰 도움을 줄 것입니다. 자율 주행 자동차, 사물 인터넷 등 아직 확실하게 검증되지 않은 기술과 사업에 있어 새로운 도전과 실패는 필연적이기 때문입니다.

실제 구글 입사 인터뷰 중 '공항을 만들려고 하는데, 어떻게 만들 것인가'와 같은 질문이 등장한 사례가 있습니다. 이 질문의 의도는 도시 계획이나 공항 건설에 대한 지식을 알기 위함이 아닙니다. 문제를 인식하고, 알고 있는 지식을 조합해 해답을 찾아나가는 과정을 확인하기 위한 질문입니다. 여기서 색다른 질문과 관점을 제시할 수 있는 잠재력을 가진 아이, 바로 신경 다양성을 가진 아이가 4차 산업혁명 시대의 주인공이 될 수 있습니다. 인공지능의 등장으로 인해 사라져버릴 위기에 놓인 수많은 직업들 가운데 인공지능은 결코 하지 못할 고도의 능력을 발휘하는 신경 다양성 아이가 활약할 수 있는 직업군은 많습니다.

• 넓은 시야를 가진 사령관
- 드론을 이용해 농작물을 관리하는 스마트 팜smart farm 기획자
- 항공기의 흐름을 조율하고 순간적인 변화에 대처하는 항공 교통관제사

• 규칙에 매이는 것을 싫어하는 창의력 대장
- 브레이크나 가속 페달을 조작하지 않아도 시시각각 변하는 도로 환경에 대응할 수 있도록 연구하는 자율주행 자동차 엔지니어
- 가전제품의 사용 빈도나 시간, 동선 등을 계산, 사용자에게 최적화하는 라이프 스타일 연구기획자Life Style Researcher

• 실험을 좋아하는 과학자
- 생활에 필요한 기기들을 네트워크로 연결해 편의성을 높여주는 사물인터넷IoT 전문가
- 컴퓨터 프로그램을 만들고 구현하는 게임 개발자

• 빠른 보상에 만족하는 신속한 사냥꾼
- 머릿속 이미지를 바로 현실로 구현하는 3D프린터 모델링 전문가
- 의료·바이오 공학 관련 가상현실 전문가

06

산만한 아이들을 방치할 때
생기는 일

저희 아이는 입학 때부터 4학년이 된 지금까지 내내 학교에 적응하는 게 힘들었어요. 수업 시간에 집중하기 어려운지 귀를 파거나 입술을 뜯으면서 한시도 가만히 있지 않아요. 친구들과도 충돌이 잦고요. 관심을 받고 싶은지 무슨 일을 할 때마다 집중하기보다는 엄마가 자기를 보고 있는지 확인하고, 보지 않으면 계속 엄마를 부릅니다. 제가 없으면 다른 지인들을 찾고요.

그리고 행동도 과할 때가 많아요. 그냥 살짝 부딪혀도 넘어져서 관심을 끌고 싶어 해요. 저학년일 때는 아이가 또래보다 형들을 좋아해서 또래들보다 성장이 빨라 어울리기 힘들고 자주 싸우나 싶었는데 요즘은 오히려 또래들보다 어린 것 같아요. 형이랑 누나와 터울이 좀 있어서 막내티가 나는 것도 같은데 왜 유독 막내만 문제인지 고민입니다.

모든 아이는 저마다의 특성을 가진다

산만한 아이를 키우는 부모라면 다른 자녀들에게 효과적이었던 양육 방법이 들지 않아 실망한 경험이 있을 것입니다. 다른 자녀들과 똑같이 키웠는데 잘못된 점을 아무리 알려주고 매까지 들어도 문제 행동이 전혀 나아지지 않아 두 손 두 발 다 들었다는 이야기도 자주 듣습니다. 알아들을 때까지 반복해 타이르고, 칭찬 스티커를 모으면 비싼 장난감을 사주겠다고도 해보지만 어떤 방법도 통하지 않습니다. 결국 부모의 인내심은 바닥나고 아이와 감정 싸움으로 하루를 마무리하게 되는 날도 많습니다.

결국 산만한 아이를 키우는 부모는 아이를 더 강하게 훈육하는 경향을 보이지만, 아이가 긍정적으로 변화하고 있다는 생각은 좀처럼 들지 않습니다. 그리고 이러한 상황이 반복되면 자신의 양육 방법에 대한 의문을 품게 됩니다. 스트레스가 심해지면 체벌을 유일한 수단으로 여기게 될 수도 있습니다.

이미 1990년 미국의 심리학자이자 의사인 마리엘렌 피셔는 ADHD 아동을 키우는 부모들이 양육 효능감은 낮고, 스트레스는 월등하게 높다고 보고한 바 있습니다. 그의 연구 결과, 양육 스트레스 척도와 양육 효능감 점수 결과 모두 비관적이었는데, 아이와 말이 통하지 않는다고 대화 자체를 포기하는 비율과 부모로서 아이를 망쳐버린 게 아닐까 하며 자책감과 우울감에 빠지는 비율이 월등하게 높았습니다. 하지만 아이의 산만함은 전두엽 발달과 관련된 특성 때문이지 부모의 양육 방식 때문이 아닙니다.

손쉬운 체벌은 독이 된다

언제 체벌이 강해지는지 물으면, 대부분의 부모가 식당이나 병원 대기실 같은 공공장소에서 아이가 타인의 눈총을 받을 때 체벌할 수밖에 없다고 토로합니다. 일시적인 상황을 모면하기 위해 체벌이 반드시 필요하다고 생각하는 경우도 많습니다. 또 아이에게 형제자매가 있다면 "왜 너만 유별나게 그러니!" 같은 말로 더 심하게 나무라는 일도 빈번합니다. 형제자매와의 비교는 아이를 혼낼 때 쉽게 쓸 수 있는 수단이지만 결과적으로 좋은 방법이 아니라는 것을 부모 역시 잘 알고 있습니다. 당장은 문제가 사라진 것처럼 보여도 얼마 지나지 않아 같은 문제가 반복되기 때문이지요.

심지어 체벌이 반복되면 문제가 줄어들기는커녕 점점 더 심해지는 양상을 보일 때도 많습니다. 체벌에 적응하기 때문입니다. 체벌 받는 입장에서는 부모에게 혼날 때 자기 행동을 되돌아보고 반성하기보다, 이 두렵고 무서운 상황이 빨리 끝났으면 좋겠다는 생각만 듭니다. 반면 체벌하는 입장에서는 아이가 체벌에 익숙해지면 강도가 점점 세집니다. 그렇기 때문에 지적과 체벌은 아이에게 효과가 없습니다.

산만한 아이에게 가장 필요한 것은 아이의 속마음을 알아주는 것입니다. 미국의 정신과 의사 윌리엄 도슨 박사의 말에 따르면, 산만한 아이들은 일반 아이들보다 자신을 향한 부정적인 언어를 평생 2만 번 이상 더 듣는다고 합니다. 자연히 그 아이들은 부정적인 언어에 민감할 수밖에 없습니다. 친구나 선생님 또는 가족들이 별다른 의도 없이 내뱉은 말에도 쉽게 상처받고 자존감도 낮아질 수 있지요. 특히 가장 믿고 의지하는 부모에게 부정적인 말을 들으면 아이는 더 큰 상처를 받습니다. 누구도 자기편이 아니라고 느끼는 아이에게 부모의 체벌은 그래서 씻을 수 없는 상처를 남길 수 있습니다.

부모는 아이에게 사회적 관계의 롤모델입니다. 부모의 체벌이 더 강해지고 반복될수록 아이는 불안, 분노, 절망의 감정을 반복적으로 느낍니다. 그러면서 아이는 자주 혼내는 부모의 모습을 사회적 모델로 학습합니다. 이는 시어머니에게 심한 시집살이를 겪은 여성이 자신의 며느리에게 더 극심한 시집살이를 시키는 것과 같은 이치입니다. 이때 생긴 부정적 감정이 적절하게 해결되지 못하고 감정 조절에 실패하면, 아이는 욕구를 풀 때 폭력적인 행동이 유일한 해결책이라고 믿고 품행 문제나 적대적 반항 장애와 같은 좀 더 심각한 상황을 겪을 수 있습니다.

체벌만큼 독이 되는 양육 방식은 또 있습니다. 많은 부모가 숙제나 공부 시간을 늘리는 것으로 벌을 주곤 합니다. 이 과정이 반복되면 아이는 '숙제하는 것은 벌을 받는 것'으로 여길 수 있고, 심한 경우 책상에 앉는 것을 거부할 수도 있습니다. 게다가 대충 앉아서 시간만 채우거나 체벌에 적응해서 체벌로도 부모의 말을 듣지 않는 악순환에 빠질 수도 있습니다.

07

아이에게 맞는 양육 방식은 분명 존재한다

처음에 소개했던 지안이의 참관 수업 이야기는 산만한 아이를 키우는 부모라면 누구나 겪었을 이야기입니다. 익숙한 관계와 장소에서는 보이지 않았던 내 아이의 특징이 낯선 상황에서는 두드러집니다. 그러면 더 이상 '설마, 아닐 거야⋯' 하는 마음을 감추기 어렵습니다. 게다가 학부모 상담 때 선생님께 '아이가 산만한 것 같다'라는 말까지 들었다면 심리센터를 찾는 걸음이 분주해집니다. 3월이 되면 심리센터와 소아 정신과에 상담이 몰리는 이유이기도 합니다.

'조금 더 기다려주면 나아지겠지?'

'다른 아이들은 잘하는데 우리 아이는 왜 그렇게 어려워할까?'

'내가 평소에 아이를 제대로 대하는 걸까?'

아이에 대한 고민과 불안, 희망과 믿음이 뒤섞입니다. 중요한 것은 아이에게 맞는 양육 방식이 존재한다는 것을 잊지 않는 것입니다. 불안한 양육은 일관성 없는 훈육의 원인이 될 가능성이 크고, 그 과정이 반복되면 아이와 부모의 관계는 잘못된 반응을 주고받는 관계로 굳어질 가능성이 있습니다. 그러므로 아이를 키울 때는 반드시 일관된 양육 원칙과 확신이 필요합니다.

불안을 다루는 힘 기르는 법

확신하기 위한 첫 단추는 불안을 바라보는 방식을 바꾸는 것입니다. 좋은 부모가 되기 위해 가장 필요한 능력 중 하나가 바로 '불안을 다루는 것'입니다. 불안을 다스리기 위해서는 본질적으로 변하지 않는 사실을 마주하고 가슴에 새겨야 합니다.

모든 부모가 궁극적으로 원하는 것은 바로 '아이가 행복하게 살아가는 것'입니다. 그래서 소중한 아이가 담임 선생님께 지적을 받아도 주눅 들지 않기를 바라고, 친구들과 놀 때도 엉뚱하게 반응해서 놀림당하지 않기를 바라는 것이지요. 이렇게 마음을 다잡아야 부모로서 해줄 수 있는 그다음 단계가 보이기 시작합니다.

불안을 해결하기 위해서는 실체를 직면해야 합니다. 심리센터나 소아 정신과의 문을 두드리는 게 막연히 두렵다면 이 역시 아이를 제대로 못 보게 하는 불안이 자리하고 있기 때문입니다. 우리 아이가 정말 산만한지, 산만함의 원인이 무엇인지 알면 충분히 도울 수 있다는 것을 기억하세요.

부모만이 아이의 재능을 발견할 수 있다

부모의 적절한 관심만 있다면 산만함은 충분히 해결될 수 있습니다. 오히려 부모가 아이의 놀라운 잠재력을 키워줄 수도 있지요. 아이의 일거수일투족을 알고 있고 세심하게 살피는 사람은 부모뿐이기 때문에, 아이가 가진 특별한 잠재력을 알아보고 키워줄 수 있는 사람 역시 부모밖에 없다는 것을 믿어야 합니다.

아무리 느긋한 부모라도 아이 행동에 대한 주변의 부정적인 시선과 피드백을 지속적으로 받으면 우울감과 당혹감에 젖어 듭니다. 하지만 죄책감만으로는 상황을 변화시킬 수 없습니다. 어떤 경우라도 죄책감을 떨쳐버리고, 배우자와 친지, 지역 사회에서 도움받을 수 있다는 것을 기억해야 합니다. 부모가 자주 웃고, 행복하고, 내적으로 단단한 기준을 가지면 아이도 '많이 사랑받고 자란 기억'을 기반으로 문제가 생겨도 금세 회복할 수 있습니다.

막연한 불안감으로 양육의 방향을 잃는 것은 부모와 아이 모두에게 도움이 되지 않습니다. 부모는 문제를 '당장' 해결해주는 사람이 아니라, 다소 시간이 걸려도 문제를 '결국' 해결해주는 사람이어야 합니다.

2장

우리 아이는 왜
산만한 걸까?

산만한 행동으로 이끄는 2가지 요인

초등학교 1학년 아들 엄마입니다. 저는 워킹맘인데 1년간 휴직해서 아이의 입학 적응을 돕고 있어요. 집에서 한글, 수학 학습지를 하는데 아이가 15분 정도 걸리는 덧셈 뺄셈 문제 풀이를 너무 싫어합니다. 10자리 수 빼기를 하다가 20자리 수 빼기가 나오면 어렵다고 짜증도 내고요. 창밖에서 아이들 목소리가 들리면 왜 나만 공부해야 하냐며 억울해하기도 합니다. 하기 싫다는 투정을 부리며 글씨를 대충 쓰거나, 연필을 잡을 때 힘을 과도하게 주기도 합니다. 집중력이 부족해서 그러는 걸까요, 아니면 학습 장애인 걸까요? 공부할 때는 집중을 못 하지만 놀이 시간에는 한 시간 이상 집중해요.

학교 적응을 돕기 위해 휴직까지 한 엄마의 마음을 몰라주는 아이. 놀 때는 잘 집중하지만, 공부만 하면 15분 앉아 있는 것도 힘들어하는 아이를 보면서 도대체 왜 저럴까 아무리 생각해도 뾰족한 방도가 떠오르지 않는 이유는 무엇일까요?

사실 아이들의 산만한 행동은 겉으로 보이는 결과입니다. 그렇기 때문에 아무리 아이를 다그치고 혼내보아도 크게 달라지는 게 없지요. 원인을 정확히 알지 못한 채 아이를 다그치기만 하면 오히려 양육 스트레스만 늘어날 뿐입니다.

일단 산만함의 원인을 파악하는 것이 가장 중요합니다. 진단이 잘못되면 처방도 잘못됩니다. 아이에게 열이 심하게 난다고 해서 무조건 차가운 수건으로 이마를 덮어주거나 옷을 벗기는 것이 적절하지 않은 방법인 것처럼 말이지요.

산만함의 2가지 원인

뇌가 마음에 영향을 미친다는 것은 여러 증거를 통해 확인할 수 있습니다. 우울증과 같은 감정을 조절해주는 약을 먹으면 감정 변화가 일어나 행동이 변할 수 있다는 것은 이제 상식으로 받아들여지고 있지요. 그런데 마음의 기원이 뇌라는 사실은 받아들여도, 뇌의 기원이 유전자라는 또 다른 사실을 떠올리는 사람은 적습니다. 유전적 요인 때문에 암이나 당뇨가 발병할 소지가 있듯이, 여러 행동의 원인에도 유전자가 관련되어 있습니다.

사람의 마음은 뇌에 의해 활동하고, 뇌는 부모에게 받은 유전적 요인에 영향을 받습니다. 따라서 산만한 행동뿐 아니라 주의 집중을 잘하는 것, 지능적인 행동을 하는 것 역시 타고난 유전적 기질과 뇌를 통해 설명할 수 있습니다.

20세기 초에는 산만한 행동을 오로지 개인의 탓으로 생각했습니다. 사람들은 공격적이고, 제멋대로고, 지나치게 감정적인 아이에 대해서 도덕적인 자제력이 부족하다며 당연히 체벌해야 한다고 여겼습니다. 그런데 1917년 미국 전역에서 뇌염이 유행했고, 살아남은 아이들에게서 유독 산만하고 공격적인 행동이 늘어났다는 연구 결과가 여러 차례 보고되기 시작했습니다. 그리고 그 원인으로 뇌 손상이 지목되었지요.

그 이후부터 자제력이 부족하고 공격 행동을 하는 증상이 두드러지는 아이들을 통칭하여 '미소 뇌 손상minimal brain damage' 혹은 '과잉 행동아 증후군' 등으로 불렀습니다. 그리고 그 원인으로 출산 시 뇌 손상, 납 중독, 홍역 등을 의심했으나, 이후 연구를 통해 산만하고 충동적인 행동의 원인이 후천적인 뇌 손상 때문은 아니라는 점이 밝혀졌습니다. 이후 1980년에 이르러 '미소 뇌 손상'을 '주의력 결핍 장애'로 부르게 된 후 연구해보니 ADHD로 진단받은 아이의 5% 이하에 뇌 손상이 있었고, 대부분 아이에게서는 그러한 문제가 없었다는 점도 밝혀졌습니다.

1997년 호주의 심리학자 플로렌스 레비와 그의 동료들은 4~12살의 쌍둥이와 쌍둥이가 아닌 형제 1,938세대를 대상으로 ADHD 유전 가능성에 대해 연구했습니다. 그 결과, 쌍둥이가 아닌 형제보다 쌍둥이 형제들에게서 ADHD가 유전될 가능성이 월등하게 높은 것으로 나타났습니다.

이 연구가 널리 인정받으면서 유전적인 기질이 산만한 행동의 큰 원인이라는 점이 밝혀졌고, 후천적인 뇌 손상이 없어도 선천적인 기질 문제로 인해 충동성과 부주의함에 관련된 뇌의 기능에 차이가 생긴다는 점이 확인됩니다. 결국 산만함의 문제는 아이 탓이 아니라 타고난 기질과 뇌 기능이라는 두 가지 원인으로 설명할 수 있다는 것이지요.

뇌의 특성일 뿐
아이는 죄가 없다

사랑은 생각하는 동물이다.

대부분은 이 말을 듣고 사람이 '생각'하는 존재라는 점에 방점을 두지만, 과학자들은 사람이 생각하는 '동물'이라는 점에 방점을 둡니다.

DNA 구조를 발견해 노벨상을 받은 프랜시스 크릭은《놀라운 가설》이라는 자신의 책에서 "우리 자신을 이해하기 위해서는 신경 세포들이 어떻게 행동하는지, 그들끼리 어떻게 상호 작용하는지 이해해야 한다"고 말했습니다. 크릭은 신경 세포의 활동으로부터 감정과 마음이 비롯된다는 가설을 세웠기 때문에 '놀라운 가설'

이라는 표현을 사용했습니다. 그리고 신경 세포는 인간뿐 아니라 동물도 갖고 있어서 이 가설은 동물에게도 마음이 있다는 가설과 연결됩니다. 그는 우리 마음속에서 일어나는 일들이 동물과 공유하는 신경 세포의 활동에서 비롯된 거라고 주장한 것입니다.

달리 말해 사람은 동물처럼 좋아하는 음식에 조건 반사적으로 반응하거나 익숙한 사람의 향기에 더 친근함을 느끼는 등 기초적인 수준의 심리적 반응을 보입니다. 반면 동물과 달리 그림 그리기, 피아노 치기, 건축물 설계하기, 복잡한 감정을 글로 표현하기와 같은 고유한 심리적이고 인지적인 작용을 하기도 하죠. 그 이유는 파충류와 포유류의 뇌 기능 발전이 누적된 후에 인간의 뇌가 발전했기 때문입니다.

인간의 모든 것이 담겨 있는 뇌

이 같은 인간의 동물적·생리적 특징은 심리적이고 고차원적인 인지 기능의 지렛대가 된다는 점에서 중요합니다. 그리고 그 기저에는 두뇌 기능이 자리합니다. 한때 온라인에서 '나의 뇌 구조'를 그리는 것이 유행한 적이 있었습니다. 재미 삼아 하는 것이지만 사람들이 이런 것에 관심이 많은 이유는 어렴풋하게나마 내가 하는 행동의 중심에 뇌가 있다는 사실을 알기 때문일 것입니다.

그런데 바로 이 뇌 구조가 아이의 산만함을 이해하는 열쇠입니다. 처음 인지과학을 전공하며 가장 놀란 점은, 우리의 행동 대부분을 뇌의 활동으로 설명할 수 있다는 점이었습니다. 심지어 쉽게 설명하기 힘들 거라 여겼던 감정에 대해서도 이해가 됐고요. 물론 뇌의 활동을 아는 것만으로 모든 사람의 생각을 읽을 수 있는 것은 아닙니다. 지금도 사람의 행동을 이해하기 위해 뇌과학 연구는 계속되고 있지만, 아직 발견한 것보다 밝혀내야 할 것이 더 많은 상황이지요.

그렇지만 아이의 행동에 큰 영향을 주는 뇌 구조와 기능에 대해 알아보는 것은, 우리 아이가 가진 동물적 측면부터 고차원적인 심리까지 모두 이해할 수 있는 출발점이 됩니다.

5세까지 아이 뇌는 이성으로 조절되지 않는다

신경 과학자 폴 맥린은 인간의 뇌 구조를 설명하기 위해 '삼위일체 뇌 모델'을 제시합니다. 폴 맥린의 뇌 모델은, 인간의 뇌에 대한 통찰과 더불어 교육학이나 심리적인 이론에도 큰 영향을 끼쳤습니다. 삼위일체 뇌란 인간의 뇌가 세 개의 층으로 구성됐다고 보는 견해로, 맨 아랫바닥인 1층을 파충류의 뇌, 2층을 포유류의 뇌, 가장 바깥쪽의 3층을 영장류의 뇌로 분류합니다.

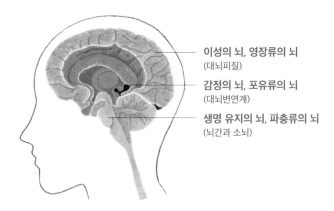

이성의 뇌, 영장류의 뇌
(대뇌피질)

감정의 뇌, 포유류의 뇌
(대뇌변연계)

생명 유지의 뇌, 파충류의 뇌
(뇌간과 소뇌)

　파충류의 뇌는 생명 유지와 공격, 도주, 방어 등의 활동을 담당합니다. 파충류의 뇌라고 부르는 이유는 도마뱀이나 새, 포유류인 강아지, 영장류인 인간에 이르기까지 공통으로 갖는 뇌이기 때문입니다. 파충류의 뇌는 엄마 배 속에서 완성됩니다. 그렇기 때문에 모체에서 나와 처음 세상의 공기를 마시는 신생아들도 스스로 생명을 유지할 수 있는 기본적인 능력은 갖추고 태어난다고 볼 수 있지요. 태어난 지 얼마 지나지 않은 아기들이 자기를 돌봐주는 사람을 보며 방긋방긋 웃는 이유도 '저를 안전하게 지켜주세요'라는 뇌의 신호를 보내는 것이라고 볼 수 있습니다.

　한편 포유류의 뇌는 기분, 감정 등 정서적 측면을 담당합니다. 신생아기부터 2~5세에 이르는 유아기까지, 좋고 싫음에 대한 단순한 감정을 더 세분화해갑니다. 예를 들어 '기분이 좋아', '기분이

나빠'와 같은 단순한 감정에서 시작해 행복감, 상실감, 그리움, 민망함, 설렘 등 복잡하고 다양한 감정을 발달시켜나가는 감정 발달의 중추라고 할 수 있습니다. 이 부분을 담당하는 곳이 변연계인데, 변연계는 기억을 입력하는 역할도 하므로 이곳에 아이의 좋은 경험이 쌓인다고 볼 수 있습니다. 엄마 품에 안겨 잠들었던 기억, 처음 장미꽃을 인식하고 향기를 맡았던 기억처럼 변연계는 감정과 기억을 함께 추억으로 만들어주는 중요한 부분입니다.

참을성이 부족하고 충동적인 이유

마지막은 인간을 비롯해 오랑우탄이나 침팬지에게서도 발견되는 영장류의 뇌입니다. 특히 영장류의 뇌는 대뇌피질이라고도 불리는데, 아이들이 다른 사람의 이야기를 듣고 의도를 파악하고, 눈치를 보고, 생전 처음 들어보는 말을 재잘거리게 만드는 핵심적인 부분입니다.

대뇌피질은 좌뇌와 우뇌로 나뉘어 인지 기능을 하도록 돕습니다. 인간의 좌뇌에는 말하기, 이해하기와 관련된 언어 중추가 있고 주로 논리와 이성의 기능을 담당합니다. 우뇌는 정보를 통합적으로 처리하고 맥락을 파악하며 주로 사회성과 관련된 기능을 합니다.

세 가지 층이 결합한 인간의 뇌는 생명을 유지시켜줄 뿐 아니라 소중한 일상을 기억하게 하고, 아름다운 글이나 예술을 창조하게 하며, 경험과 문화를 다른 사람들과 공유할 수 있도록 합니다.

그런데 평소에 참을성이 부족하고 늘 충동적으로 움직이는 아이들은 두 번째 층인 포유류의 뇌에서 더 강한 보상을 받습니다. 포유류의 뇌가 담당하는 감정과 기분이, 영장류의 뇌가 담당하는 이성적인 통제에서 벗어나려는 경향이 강하기 때문이지요. 물론 포유류의 뇌의 영향을 많이 받는 사람은 예술적이고 직관적인 잠재력이 뛰어나다는 강점도 있습니다.

단순한 행동도 뇌 전체를 사용한다

이러한 고차원적인 기능을 하는 대뇌피질은 크게 네 부분, 전두엽과 두정엽, 측두엽과 후두엽으로 나뉩니다. 뒤통수에 있는 후두엽은 눈으로 들어온 시각 정보를 구체적인 이미지로 만들어주는 역할을 하고, 귀 바로 옆에 있는 측두엽은 소리를 정확하게 분절하거나 기억을 불러오거나 감정 조절 등의 다양한 역할을 합니다. 정수리에 놓인 두정엽은 보고, 듣고, 만지고, 맛본 여러 가지 감각 정보들을 종합하고 조율해서 신체 정보로 바꾸어주는 역할을 합니다.

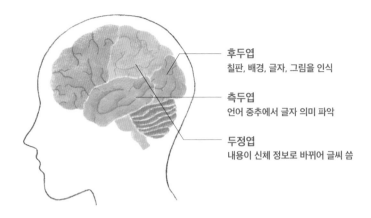

후두엽
칠판, 배경, 글자, 그림을 인식

측두엽
언어 중추에서 글자 의미 파악

두정엽
내용이 신체 정보로 바뀌어 글씨 씀

  지안이가 칠판에 쓰인 글씨를 공책에 받아 적는다고 가정해봅시다. 지안이의 두 눈에 들어온 빛과 색깔, 모양 등의 시각 정보는 시신경을 타고 뒤통수에 위치한 후두엽에서 글자와 그림, 배경 등으로 나뉩니다. 그중 글자는 좌뇌 측두엽의 언어 중추에서 그 의미가 파악됩니다. 그러면 다시 그 내용이 정수리의 두정엽에서 통합되고 구체적인 신체 정보로 바뀌면 지안이가 손가락을 적절하게 움직여 글씨를 쓰게 되는 것입니다. 칠판에 쓰인 글자를 받아 적는, 단순해 보이는 행동조차 전두엽과 후두엽, 측두엽과 두정엽에 이르는 뇌의 전체 영역을 사용합니다. 그런데 어느 한 영역이라도 제대로 기능하지 못하면 어떻게 될까요? 글씨를 제대로 쓰지 못하거나 느릿느릿하게 받아 적다가 시간 안에 다 못 쓸 수 있습니다. 또 칠판에 쓰인 글자와 다른 엉뚱한 내용을 쓸 수도 있습니다. 즉, 각기 다른 양상으로 문제가 나타날 수 있는 것입니다.

짓궂은 장난을 하고 왜 즐거워하는 걸까?

한 발자국 더 들어가 보겠습니다. 우리의 뇌를 현미경으로 들여다보면 아주 작은 신경들로 이루어져 있습니다. 그리고 그 신경은 전선처럼 서로 연결되어 있지요. 물론 신경과 전선은 하나의 밧줄처럼 연결되어 있다는 공통점이 있지만 다른 점도 많습니다. 전선에는 전기만 흐르지만 신경에는 전기뿐 아니라 다양한 신경 전달 물질도 흐릅니다. 전선의 구리는 연속된 물체이지만, 신경은 신경 세포들이 따로 떨어져 있는 분절된 형태로 이뤄져 있습니다.

이때 전기적이고 화학적인 자극을 받아 감각 정보들을 전달하는 신경 세포를 뉴런이라고 하는데, 이 뉴런들 사이에 시냅스 틈synaptic cleft이라는 작은 틈새가 있습니다. 우리가 느끼는 감정은 이 작은 틈새에서 시작되는 것이지요. 우리가 겪는 다양한 경험을 통해 희로애락 등 감정과 관련한 다양한 신경 전달 물질이 시냅스 틈으로 전달됩니다. 신경 전달 물질은 트랜스포터transpoter를 통해 시냅스 틈으로 나와, 옆에 놓인 뉴런의 수용체receptor를 초인종 누르듯 자극하고 다시 본래의 뉴런으로 되돌아갑니다. 이 전달 과정이 연속적으로 일어나면서 전두엽으로 신호를 보내야 비로소 인간적이면서 풍부한 감정이 나오는 것이지요.

다양한 신경 전달 물질 중 주목해야 할 것은 도파민입니다. 도파민은 행동에 대한 보상을 주는 역할도 합니다(도파민의 역할은 굉장히 다양합니다. 적게 분비되면 우울증이나 치매, 파킨슨병과 같은 문제가 생길 수 있고, 많이 분비되면 강박증, 조현병과 같은 문제가 생길 수 있지만 여기서는 산만한 행동과의 관계에만 집중하려고 합니다). 친구를 돕고 칭찬을 받는다거나, 열심히 공부해 우수한 성적을 거두었을 때, 가고 싶은 학교에 합격했을 때 뇌에서는 도파민이 분비됩니다. 그러면 노력에 대한 짜릿한 보상을 느끼게 되는 것입니다.

그런데 참고 노력하거나 착한 행동을 했을 때만 도파민이 분비되는 것은 아닙니다. 짓궂은 장난을 쳤는데 친구가 깜짝 놀랐을 때 느끼는 쾌감, 부모님 몰래 성냥불을 켰을 때 짜릿한 기분 역시 도파민의 역할입니다. 즉, 도파민이 분비되면 사람은 쾌감을 느끼고, 쾌감을 얻기 위한 행동을 반복하게 되는 것이죠.

아이가 자꾸 미운 짓만 골라 한다면

높은 곳에서 뛰어내리거나, 친구들에게 심하게 장난칠 때, 교실에서 큰 소리를 내 선생님의 관심을 끌 때만 도파민이 분비되고, 공부하거나 조용히 그림을 그릴 때는 도파민이 분비되지 않는다면 아이는 어떤 행동을 주로 보이게 될까요? 이 아이는 소위 말해 '미운 짓'만 골라 하게 될 것입니다. 얌전히 앉아 집중하는 '예쁜 짓'을 하고 어른들에게 칭찬을 들을 때는 기분이 좋지 않고, 뛰어내리고 소리치고 사람들이 놀라는 모습을 봤을 때만 기분이 좋기 때문이죠. 지안이처럼 공개 수업 중에 엄마를 난처하게 만드는 것도, 다른 사람의 관심을 받았을 때 일종의 심리적 보상을 받아 기분이 좋기 때문일 수 있습니다.

도파민은 대뇌피질에 있는 전두엽 기능과 밀접한 관련이 있습니다. 전두엽은 주의력과 집중력에 필요한 영역이지만 근본적으로는 '충동을 억제'해 주의력을 지속하도록 돕습니다. 그런데 산만하거나 충동적인 아이들은 전두엽에서 나와야 하는 도파민이 너무 적게 나와서 산만한 행동을 반복하거나, 머릿속으로는 하지 말아야 하는 걸 알면서도 행동이 먼저 나가게 됩니다. 그래서 이러한 문제 행동이 반복되어 ADHD로 진단받으면 약 처방을 받게 되고, 그 약은 전두엽의 도파민 농도를 인위적으로 몇 시간 동안 올리는 작용을 하는 것입니다.

전두엽과 산만함의 관계

정리해봅시다. 왜 산만한 아이들은 가만히 있지 못하는 걸까요? 앞서 이야기했듯이 대뇌피질의 전두엽은 고차원적인 인지 기능을 담당하는 영장류의 뇌입니다. 특히나 전두엽이 하는 가장 핵심적인 역할은 충동을 억제하는 것이지요. 따라서 진득하게 책상에 앉아 있기 힘든 경우라면 전두엽에서 나오는 충동 억제 기능이 제대로 발휘되지 않을 가능성이 있습니다. 전두엽 기능이 저하되어 충동을 억제하기 어렵다면 아이는 '지루해', '언제 끝나지?'와 같은 심리 상태에 머물러 동기 부여하기 힘든 상황에 놓입니다.

반면 감각적인 민감도는 유별나게 높다면, 다른 친구들은 그냥 지나치는 시각, 청각, 후각 등의 자극에 유달리 집착하고 민감하게 반응합니다. 그래서 싫어하는 음식도 많고 시끄러운 놀이동산에 가는 것도 힘들어합니다. 부모나 다른 아이들이 듣지 못하는 소리를 듣기도 하는데, 예를 들면 아파트 방송을 하기 전에 스피커에서 나오는 고주파에 반응해서 방송이 나오기 몇 초 전부터 귀에 손을 대는 모습을 보이기도 합니다.

이런 모습은 모두 측두엽과 두정엽의 활동성이 지나치게 높아서 나오는 행동입니다. 그렇기 때문에 지능에 문제가 없어도 상황에 맞지 않는 행동을 자주 보여서 주변의 오해를 자주 사기도 하지요.

기질이라는
변수

산만한 행동에는 또 하나의 중요한 변수가 있습니다. 바로 기질temperament입니다. 낯가림이 없어 누가 안아도 방긋방긋 웃고 잠자리가 바뀌어도 잘 자는 아기. 이런 아이를 '기질이 순한 아이'라고 부릅니다. 반면 젖병이 바뀐 것을 기가 막히게 알아채고, 낯선 사람만 보면 큰 소리로 울고, 매일 같은 잠자리에서도 두어 시간 넘게 보채는 아기를 '기질이 까다로운 아이'라고 부릅니다.

기질은 심리학자들이 처음 사용한 용어로, 어떠한 상황에 처했을 때 인간이 '본능적으로' 보이는 감정적, 행동적 방식을 말합니다. 주변 환경이 보내는 신호에 '자동적으로' 반응하게 만드는 것이 바로 기질입니다. 이러한 기질이 환경에 의해 십여 년 정도 다듬어지면서 만들어진 결과물이 '성격'입니다. 즉 성격은 환경에 대한 본능적이고 자동적인 반응인 기질과는 다릅니다. 완충지대를 많이 갖추고 있다면, 주어진 상황에 보다 세련되고 능숙하게 대응하는 성격 특성이 생기는 것입니다. 그래서 생애 초기에는 기질이 더 중요한 요인이지만, 청소년기에 이르면 성격이 본격적으로 형성되어 보다 세련되게 세상을 이해하고 반응하는 능력이 더 중요한 요인이 됩니다.

심리학자와 신경 과학자들은 기질에 많은 관심을 두는데 그 이유는, 기질은 타고나는 것으로 영아기 때부터 또렷하게 드러나며, 어떤 자극과 환경에서 성장하느냐에 따라 향후 다른 양상으로 발전할 수 있기 때문입니다.

다시 말해 기질은 타고나서 바뀌지는 않지만, 아이가 주변으로부터 긍정적인 경험을 더 많이 쌓는지, 부정적인 경험을 더 많이 쌓는지에 따라서 타고난 기질이 더욱 강화되거나 약해질 수 있습니다. 그렇게 경험이 누적된 결과가 청소년기에 이르면 성격으로 형성됩니다. 물론 성격은 변화할 수 있다는 점에서 기질과 다릅니다. 최근 MBTI 성격유형검사가 유행했는데, MBTI 유형은 생활 환경이 변하면 얼마든지 달라질 수 있습니다. 예컨대 본래는 수줍고 내향적이라 I 유형으로 나오던 사람이라도, 대중강연을 자주하거나 무대에 서는 일을 오랜 기간 하다 보면 외향적인 성향인 E로 변하기도 합니다. 이처럼 기질과 성격의 복합적인 관계 때문에 심리학자와 신경과학들이 연구할 거리가 무궁무진한 것이기도 합니다.

3가지 기질의 특징

심리학자 스텔라 체스와 알렉산더 토마스는 1950년대 초, 뉴욕에서 태어난 아기들의 기질을 아홉 가지로 분류해 장기적으로 추적했습니다. 그들은 아이의 활동성, 규칙성, 초기 반응, 적응성, 강도, 기분, 주의 산만, 인내력과 주의 지속 시간, 민감성을 관찰했습니다. 그리고 최종적으로 아이들을 다시 세 가지 범주로 구분했습니다.

- 까다로운 기질을 가진 아이 (difficult)
- 순한 기질을 가진 아이 (easy)
- 느린 기질을 가진 아이 (slow-to-warm-up)

연구에 따르면 약 75%에 이르는 대부분의 아이는 순한 기질을 타고나는 것으로 보고되었습니다. 순한 기질의 아이들은 규칙적인 일상생활에 대한 적응력이 높고, 낯선 대상이나 상황에도 긍정적으로 반응하기 때문에 부모와의 관계도 좋습니다.

반면 약 10%의 아이가 까다로운 기질인 것으로 추산되는데,

이 아이들은 주로 수면이나 식습관 등 일상생활에서 불규칙한 패턴을 보이고 욕구가 좌절되면 격렬한 반응을 보였습니다. 그러므로 부모들은 육아를 상당히 힘들어하고 부정적인 감정을 자주 느끼기 때문에 아이와 좋은 관계를 맺기 어려울 수 있습니다.

마지막으로 약 15%의 아이는 느린 아이의 기질을 가진 것으로 추산이 되는데, 낯선 사물이나 사람을 보아도 호기심을 보이지 않고, 새로운 환경에서도 활동적이지 않은 경우가 많습니다. 따라서 이 아이들은 상황 변화에 적응이 느리고, 부모는 아이를 자주 재촉하고 채근하고 미리 챙기게 됩니다. 아이들은 부모의 기대를 따라가기 힘들기 때문에 스트레스를 받고 지속적으로 좌절을 경험합니다.

각 기질에는 장단점이 존재합니다. 까다로운 아이라고 다 나쁜 점만 있는 것은 아니고, 순한 아이라고 다 좋은 점만 있는 것도 아니지요. 까다로운 아이는 남다른 예민함이 있고, 순한 아이는 변화의 스트레스에 강합니다. 다만 부모가 어떻게 양육하느냐에 따라 까다로운 아이가 예리한 아이가 될 수도 있고, 까탈스러운 아이가 될 수도 있습니다. 순한 아이가 강인한 아이가 될 수도 있고, 눈치 보는 아이가 될 수도 있는 것이지요.

규칙성과 새로운 감각에 대한 반응
까다로운 아이는 감각이 민감합니다. 따라서 맛 변화에 민감하고 특정 냄새를 맡으면 심할 때 구토를 하기도 합니다. 또 소리에도 예민하게 반응합니다. 이런 아이는 이유식 맛이 조금만 변하거나, 늘 자던 곳에서 낯선 소리만 나도 강한 거부감을 보이기도 하죠. 아이를 키우는 부모 입장에서는 도대체 뭐가 문제인지 알아차리기 힘들 때가 많습니다. 뭘 먹일지, 어떻게 재울지가 늘 숙제처럼 느껴지고요. 반면 순한 아이는 규칙적으로 먹고 자고, 편식도 심하지 않아 상대적으로 키우기 쉽습니다.

환경 적응력

순한 아이는 성가대 소리로 가득 찬 교회에서도 숙면을 취하고, 오랜만에 보는 친척에게도 거리낌 없이 안겨서 방긋방긋 웃습니다. 이런 모습은 어린이집이나 유치원 같은 보육 시설에서 강점이 됩니다. 담임 선생님의 우호적인 반응을 이끌어내는 경우가 많기 때문이지요. 반면 기질이 까다로운 아이는 새로운 환경에 적응하는 시간이 오래 걸리고, 부모와의 분리를 과도하게 불안해하는 등 주변 상황에 예민하게 반응합니다.

감정의 질

까다로운 기질의 아이는 작은 자극에도 큰 정서적 반응을 보이며, 불쾌감을 느끼는 빈도도 상당히 많습니다. 반면 순한 기질의 아이는 외부 자극을 수용하는 능력이 뛰어나고 스트레스에 대한 저항력이 강합니다. 그래서 세상을 바라보는 기본적인 정서가 긍정적입니다.

아이의 기질을 확인하는 법

간단한 방법으로 아이의 기질을 확인해볼까요? 다음의 표는 간단한 체크리스트이기 때문에 좀 더 정확한 결과를 알고 싶다면 전문 기관에서 표준적으로 시행되는 검사를 받아보기를 권장합니다. 정확한 기질을 알아보기 위해 TCI Temperament and Character Inventory 기질 및 성격 검사, K-TABS 한국판 영유아 기질 및 비전형 행동 척도, IBQ 영유아 기질 측정 척도와 같은 검사 도구를 이용할 수 있습니다.

왜 아이마다 다른 기질을 가질까?

그렇다면 아이들은 왜 각기 다른 기질을 갖는 것일까요? 그 답은 뇌에 있습니다. 짜증스러운 상황에 처했을 때 아이는 기질에 따라 순하거나 강하게 반응합니다. 그 이유는 짜증스러운 상황에 처했을 때 두뇌가 환경에 대한 정보를 처리하는 방식이 아이마다 다

기질 체크리스트

문항	체크
깊이 고민하지 않고 즉흥적으로 결정하는 편이다	
친구들과 함께 공부하는 것을 선호한다	
활발하고 밖에서 노는 것을 좋아한다	
개방적이고 솔직하며 위험에 둔감하다	
온종일 놀아도 덜 피곤해하는 편이다	
자기를 화나게 한 사람에게는 똑같이 갚아준다	
다른 사람에게 먼저 말을 거는 편이다	
여러 과제를 한꺼번에 한다	
칭찬과 인정받는 것을 좋아한다	
무엇이든 주도하려고 한다	

* 3개 이하 순한 아이 / 4~6개 적절한 호기심을 가진 아이 / 7개 이상 강한 자극 추구형 아이

르기 때문입니다.

　이는 인지 기능을 담당하는 대뇌피질(영장류의 뇌)과 본능적인 행동을 담당하는 뇌줄기(파충류의 뇌)까지 뇌 전반에 걸친 영향이지만, 그중에서도 변연계(포유류의 뇌)가 기질 형성에 가장 큰 영향을 줍니다. 변연계는 감정의 중추 역할을 하는 뇌 부위로, 감정적

인 반응을 결정하는 뇌 영역입니다.

기질과 산만함의 관계

기질은 산만한 행동과도 밀접한 관계가 있습니다. 까다로운 기질의 아이는 어떤 일을 실제보다 더 나쁘거나 위험한 것으로 느낍니다. 예를 들어 병원에 간다고 했을 때 순순히 따라가는 아이가 있는가 하면, 까다로운 기질의 아이는 미리부터 겁을 먹고 요란법석을 떱니다. 작년에 분명 신나게 놀았던 수영장도 올해 다시 가려니 심하게 거부하거나, 좋아하던 음식을 오랜만에 주었더니 입을 꾹 다물고 절대 안 먹으려고 합니다. 이런 아이는 보상에 민감하게 반응하고, 금세 지루함을 느끼기 때문에 산만한 행동을 보이게 됩니다.

2009년 캐나다의 루이스 슈미트 교수팀은 기질과 두뇌 활동의 연관성을 밝히는 실험을 했습니다. 그들이 주목한 것은 DRD4 유전자였습니다. DRD4 유전자는 뇌세포들 사이에서 여러 정보를 실어 나르는 신경 전달 물질인 도파민 수용체를 만드는 유전자입니다. 이 DRD4 유전자가 어떻게 생겼는지에 따라 강한 스릴을 추구하거나 산만한 행동을 보이기도 합니다.

슈미트 교수는 생후 9개월 아기들을 대상으로 뇌 활동을 관

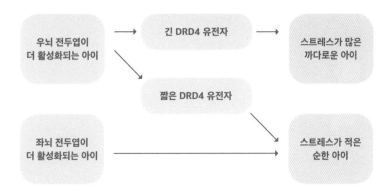

찰할 수 있는 뇌파 검사(EEG)를 진행했고, 생후 48개월 아이들의
DNA 샘플을 모아 DRD4 유전자의 유무를 확인했습니다. 그 후
부모들이 작성해준 설문지로 실험에 참여한 아이들의 기질을 파
악해, 뇌 기능 및 유전자와 기질을 비교했습니다. 그 결과 순한 기
질을 가진 아이들의 뇌는 좌측 전두엽이 더 활성화되는 반면 까다
로운 기질을 가진 아이들은 우측 전두엽이 더 활성화되는 것으로
나타났습니다.

그뿐 아니라 DRD4 유전자가 보이는 반응도 달랐습니다. 특히
이 유전자는 긴 것과 짧은 것, 두 가지 종류가 있는데 어느 쪽이 발
현되느냐에 따라 아이의 기질도 달랐습니다. 우측 전두엽이 더 많
이 활성화된 아기들 중 DRD4 유전자가 긴 아기들은 달래기도 힘
들고 커가면서 산만하거나 주의력 문제로 고생할 수 있다는 결과
가 나왔습니다. 반면 해당 유전자가 짧은 아이들은 좀 더 수월하게

양육할 수 있었습니다. 이로써 뇌 활성화 영역에 따라 아이의 기질이 달라질 수 있으며, 이에 DRD4 유전자도 영향을 미친다는 사실이 확인된 것이지요.

DRD4 유전자 탓에 기질적으로 까다롭고 활동성이 큰 아이는 신기하고 새로운 것을 추구하는 태도가 강하기 때문에 산만한 아이로 '보일' 확률이 높습니다. 즉, 아이의 뇌가 환경을 해석하고 반응하는 방식이 특별해서 유난스러운 행동으로 드러날 수 있는 것이지요. 뇌와 기질, 기질과 행동이 연관이 있다는 의미입니다.

기질을 정확히 알아보는 법

아이의 기질을 객관적으로 알아볼 수 있는 검사 도구가 있습니다. TCI 기질 및 성격 검사, K-TABS 한국판 영유아 기질 및 비전형 행동 척도, IBQ 영유아 기질 측정 척도와 같은 검사 도구가 그것입니다. 이 검사들은 여러 대학병원과 지역 심리센터 등에서 시행됩니다.

이 가운데 TCI 기질 및 성격 검사는 기질과 성격 두 가지 요인을 동시에 살펴볼 수 있다는 장점이 있습니다. 이 중에서 기질 요인으로 자극 추구 성향, 위험 회피 성향, 사회적 민감성, 인내력 등 네 가지 요인

JTCI 7-11	JTCI 7-11 프로파일					
	척도	원점수	T점수	백분위	백분위 그래프 30 / 70	
기질	자극 추구 (NS)	27	58	80	NS	80
	위험 회피 (HA)	32	62	86	HA	86
	사회적 민감성 (RD)	25	43	20	20 RD	
	인내력 (P)	29	55	68	P	68
성격	자율성 (SD)	15	22	1	1 SD	
	연대감 (C)	27	38	12	12 C	
	자기 초월 (ST)	15	53	59	ST 59	
	자율성+연대감	42	28	2		

* T점수는 원점수를 평균 50, 표준편차 10인 점수로 변환한 표준 점수
* 백분위 점수가 30 이하이면 해당 척도의 특성이 낮고, 70 이상이면 해당 척도의 특성이 높은 것을 의미
* 본 JTCI 결과 그래프 인용은 (주)마음사랑의 허락을 받았음.

을 살피고, 성격 요인으로 자율성과 연대감, 자기 초월(아이의 경우 공상에 빠지는 경향) 등 세 가지 특성을 살핍니다.

기질 요인: 자극 추구, 위험 회피, 사회적 민감성, 인내력
성격 요인: 자율성, 연대감, 자기 초월

아이의 기질은 행동을 파악하는 데 매우 중요하기 때문에 임상에서 자주 활용되는데, 부모의 양육 태도 검사를 함께 시행하는 경우 더욱 유용합니다. 부모와 자식 간에도 서로의 기질과 성격에 따라 궁합이 있기 마련입니다. 아이의 타고난 성향과 부모의 양육 스타일을 맞춰보면, 아이의 어떤 점을 보완해야 할지, 부모의 양육 방식 중 어떤 것을 수정해야 할지 알 수 있어 최고의 양육법을 찾아갈 수 있습니다.

타고난 걸 바꾸는
환경의 힘

많은 사람이 유전적으로 타고난 것은 바꿀 수 없다고 오해합니다. 하지만《이기적 유전자》를 쓴 리처드 도킨스는 유전 암호가 모든 것을 결정하는 것은 아니며, 주어진 환경에 따라서 바뀐다고 이야기한 바 있습니다.

부모에게 받은 유전적인 요인들이 모두 발현되거나 절대적인 영향을 미치는 것은 아닙니다. 유전적인 요인들 중에서도 어떤 것은 아주 어린 시절부터 나타나거나 어떤 것은 환경에 따라 발현되지 않는 경우도 있습니다. 레고를 100개 가지고 있어도 만드는 사람에 따라 완성품의 모양이 달라지듯이 유전적인 요인들은 반드시 특정한 유전자를 발현시킬 수 있는 환경을 만나야 발현됩니다.

유전자가 모든 것을 결정하는 것은 아니다

기질을 예로 들어보겠습니다. 기질은 편도체나 변연계 등 파충류의 뇌의 영향에서 비롯된 것이지만, 성격과 지능은 전두엽과 두정엽 등 영장류의 뇌(대뇌피질)에서 비롯됩니다. 그리고 이 대뇌피질은 환경에 따라서 유연하게 변하기 때문에 유전자의 한계에서 벗어날 수 있게 합니다. 즉, 기질은 파충류의 뇌(편도체나 변연계)의 영향을 받지만, 고도화된 사회적 활동에 영향을 미치는 인지적 기능이나 성격은 영장류의 뇌(대뇌피질)에서 조절되기 때문에 영장류의 뇌가 어떻게 성장하느냐에 따라서 기질의 영향이 달라질 수 있습니다.

미국의 행동 유전학자 존 C. 로엘린은 1985년 연구를 통해 유전자가 100% 같은 일란성 쌍둥이라도 성격이 달라질 수 있다는 점을 밝혀냈습니다. 연구에 따르면 일란성 쌍둥이라고 해도 주어진 환경에 따라 형제들 사이의 성격 속성 일치율은 50%로 나타났고, 이란성 쌍둥이는 30%, 쌍둥이가 아닌 형제들은 20%의 일치율을 보였습니다. 결국 감성, 사회성, 공격성, 성실성 등과 같은 성격 특징 중 50%는 우리를 둘러싼 환경에 의해 결정되는 것입니다. 따라서 까다로운 기질을 타고난 아이도 부모의 양육과 자라는 환경, 학습 결과에 따라 유연하게 상황을 받아들이고 스트레스도 적게 받는 사람으로 성장할 수 있습니다. 나아가 까다로운 기질을 자신의 강점으로 확장해나갈 수도 있습니다.

기질은 타고나지만 환경은 바꿀 수 있다

그렇기 때문에 까다로운 기질을 가지고 태어나서 산만하게 행동하는 아이를 무조건 혼내는 것은 올바른 대처가 아닙니다. 이는 마치 키가 큰 아이에게 '너는 왜 그렇게 다른 아이들보다 키가 큰 거니?'라고 꾸짖는 것과 같습니다.

산만함이라는 행동은 까다로운 기질과 가족, 환경의 상호 작용 속에서 발현된 결과입니다. 기질은 타고난 거라 바꿀 수 없지만, 가족과 환경은 달라질 수 있습니다. 부모는 아이의 기질에 맞는 적절한 양육 방식을 배워야 합니다.

많은 부모가 상담실에서 '둘째가 태어난 후에 기질이 무엇인지에 대해 생각하게 됐다'고 말합니다. 첫째는 막연히 키우기 어렵고 처음이라 모든 걸 당연하게 받아들이며 키웠는데, 둘째가 첫째랑 뭔가 다르다는 걸 경험하면서 '한 배에서 나와도 이렇게 다르구나' 하는 걸 몸소 경험하게 되는 것이죠. 양육 태도 검사를 한 뒤 결과를 보고, 둘 중 하나에게 유독 마음에 드는 기질을 강요해왔던 건 아닌지 후회도 많이 합니다. 주로 혼이 나는 아이는 활동적이고 충동적인 아이 쪽이지요.

산만한 아이를 어떻게 대해야 할지 묻는 부모들에게 저는 '칭찬'을 권합니다. 꾸준히 지적받고 꾸중을 들어온 아이에게는 칭찬과 스킨십이 필요합니다. '이게 칭찬할 만한 일인가?'라고 고민된다면 가능한 칭찬을 택하세요. 이렇게 8주간 양육 방식을 바꿔 꾸준히 칭찬과 스킨십을 하다 보면 점차 아이의 행동이 양육자에게 맞춰지는 것을 느낄 수 있습니다.

긍정적인 경험을 쌓아나가는 법

산만한 행동에 대해서는 꾸지람보다 따스한 접근이 필요합니다. 예민하고 까다로운 아이는 무섭고 힘든 일도 참고 극복하면 좋은 결과가 온다는 경험을 반복해서 쌓아갈 필요가 있습니다. 그러면 민감하고 예민한 아이가 창의적이고 감수성 높은 아이로 자랄 수 있습니다. 산만한 아이를 위해 부모가 할 수 있는 일들을 기억하세요.

• 객관적으로 아이 파악하기

아이의 행동이 눈에 띄어서 학교나 사회에서 불이익을 받는다면 부모는 아이의 상황을 객관적으로 파악하는 것이 좋습니다. 어떻게 아이를 분석적이고 객관적으로 파악할 수 있을까요? 소아 정신과와 심리센터에서 제공하는 검사들이 실질적인 도움이 될 수 있습니다.

• 정돈된 환경 만들기

산만한 아이는 말하기 좋아하고, 혼자 있어도 크게 떠들며, 새로운 것을 좋아하는 만큼 지루함도 자주 느낍니다. 산만한 아이가 좀 더 집중할 수 있는 환경을 만들어 지루함을 견딜 수 있는 힘을 키워주어야 합니다.

집안 환경은 깔끔하게 정리하는 게 중요합니다. 산만한 아이는 시각적 자극을 받으면 편도체 활성이 높아집니다. 즉, 주변 시야에 민감하게 반응합니다. 그래서 시각적 자극이 많으면 쉽게 주의 집중력이 떨어지고 산만해집니다. 특히 책상 위나 공부방에 너무 많은 물건을 두지 않도록 신경 써주세요.

• 자유로운 특성을 키워주기

산만한 아이는 지루한 상황을 못 견뎌합니다. 학교에서 실용적이고 실제적인 문제, 쓸데없는 것에만 관심이 있다고 지적받는 일이 보통의 아이들보다 잦을 겁니다. 아이가 위축되지 않게 집에서만큼은 창의성을 키워갈 수 있게 도와주세요. 아이가 편안히 있을 수 있는 공간을 만들어주세요. 아이 방 안에 작은 텐트를 쳐서 그 안은 온전히 자기만의 세상이 될 수 있도록 공간을 구분해주는 것도 좋습니다.

• 복습보다는 예습에 초점 두기

대부분은 반복 학습을 하는 것이 효과적이지만 산만한 아이들
은 반복적인 일, 틀에 박힌 형식을 싫어해서 금세 싫증을 냅니다.
오늘 배운 것을 복습하거나 여러 번 반복해서 완벽하게 알아야 한
다고 지도하면, 부모와 아이 사이에 실랑이만 반복될 수 있습니다.
산만한 아이는 새로운 것을 좋아하고 자기만의 방식으로 시도하
는 것을 좋아합니다. 따라서 복습보다 아이만의 방식으로 예습할
수 있게 이끌어주는 것이 좋습니다.

나는 어떤 환경을
제공하는 부모일까?

　아이의 능력을 최대한 발휘할 수 있도록 하는 힘은 부모에게 있습니다. 하지만 내 아이에게 맞는 구체적인 양육법은 그 누구도 정확하게 가르쳐주기 힘들기에 답을 찾기 어렵습니다. 그래서 '내 아이에게 좋은 양육은 무엇인가?'라는 질문은 모든 부모에게 답이 없이 막막하게 느껴지는 질문입니다. 부모가 시키는 대로 아이가 잘 따라와줘도 어려운 것이 양육인데, 산만한 아이의 양육은 키워보지 않으면 얼마나 어려운지 알 수가 없습니다. 운전은 면허시험도 보고 '초보운전'이라고 배려도 받지만, 양육은 어느 날 아이가 태어나면서부터 바로 시작되기에, 아이마다 대응 방식이 달라져야 하기에 더욱 난감합니다.

양육태도 간이 체크리스트

문항	체크
같은 일에 대해서 아이에게 화를 내기도 하고 내지 않기도 한다	
기대만큼 아이가 따라오지 못한다고 생각한 적이 많다	
아이를 꾸짖은 후, 혼낸 이유를 아이에게 설명해주는 편이다	
칭찬이나 체벌할 때는 아이도 이해할 수 있는 합리적인 이유가 있는 편이다	
유치원이나 학교에서의 일을 잘 알고 있는 편이다	
또래 아이들이 스스로 할 수 있는 일을 우리 아이는 잘하지 못한다고 느낀다	
방과 후 아이가 누구와 시간을 보내는지, 어떤 게임을 하는지 알고 있다	
아이의 미래에 대해서 자주 걱정하는 편이다	
아이가 문제 상황에 놓이면 도움을 요청하기 전까지는 지켜보는 편이다	
가끔 아이가 나를 무서워할 때가 있다	

3개 미만: 아이에게 크게 개입하지 않는 방임형 부모일 가능성 높음
4~5개: 적절한 개입을 통해 아이를 파악하고 있을 부모일 가능성 높음
6개 이상: 아이에게 일일이 간섭하는 통제형 부모일 가능성 높음
* 해당 체크리스트는 간이검사이며, 보다 정확하고 구체적인 검사는 전문기관에 의뢰해주세요

양육 기준 바로 세우기

양육태도 체크리스트는 아이와 부모 사이의 정서적 교감은 얼

마나 되는지, 부모의 행동에 대해 아이가 납득할 정도의 설명을 해주는지, 아이에 대한 부모의 기대치는 어느 정도인지, 아이를 대하는 일관성이 얼마나 지켜지고 있는지 등을 파악하기 위한 목적을 갖고 있습니다.

여기 해당하는 여러 기준들은 아이를 키우는 데 필요한 것들이지만, 일상생활에서 이 모든 걸 기억하며 아이를 키운다는 건 불가능에 가까울지 모릅니다. 하지만 모든 일이 시작은 어려워도 습관이 들면 자연스럽게 행동이 나오듯, 양육 기준 역시 몸에 익히기까지 충분한 시간을 투자하면 그 효과는 만점입니다.

무엇보다 중요한 것은 양육 기준이 필요하게 되는 시점입니다. 유아기에는 아기의 생리적 욕구를 해결해주면 되므로 오히려 어려움이 없지만, 아이가 스스로 말을 할 수 있게 되고 자신의 욕구를 표현하면서부터 부모와의 갈등이 시작됩니다. 그렇게 혼란을 겪다가 결국, 자신이 어떻게 자랐는지에 근거하여 부모가 되어가게 마련입니다. 저 역시 어린 시절엔 겨울 아침에도 환기를 시킨다고 창문을 모두 열어두시던 부모님이 그렇게 원망스러울 수가 없었는데, 어른이 된 지금 아침에 눈뜨면 습관처럼 창문을 여는 제 모습을 발견하고는 보고 배운 것이 참 무섭다는 생각을 한 적이 있습니다. 양육 방식 역시 마찬가지입니다. 그렇게 싫던 부모님의 양육 방식을 부모가 된 지금 그대로 따르기도 합니다. 아이를 낳으면 화내지 않고 애정과 설득으로 잘 키워보겠다는 다짐도 어느덧 안

개처럼 희미해지고, 작은 일에도 화내고 소리 지르는 현실 속 자신의 모습을 보면서 괴로워하기도 합니다.

일관성만으로도 충분하다

양육 태도에는 겉으로 드러나는 의식적, 자발적인 태도나 언어뿐 아니라 비자발적인 행동과 몸짓, 비언어적 메시지가 모두 포함됩니다. 즉 부모가 겉으로 표현하는 것뿐만 아니라 부모가 가지고 있는 생각 자체가 모두 양육의 중요한 부분을 이루고 있는 것이지요. 그래서 부모의 양육 행동에는 그 사람의 가치관이 담겨있다고 할 수 있습니다. 그래서 전문가의 양육 조언이 자신이 자라면서 경험했던 양육 방식과 다르다면 내면에서 충돌이 일어나고 이로 인해 혼란을 겪기도 합니다. 양육이 더 어렵게 느껴지는 것이지요.

남들이 제시하는 양육의 기준을 세세하고 조밀하게 적용하려다 보면 끝도 없이 잔소리를 하고 지적을 하기 쉽습니다. 특히 산만한 아이들은 하나부터 열까지 모두 부모의 눈에 밟히는 행동투성이기 때문에 종일 따라다니며 잔소리를 하다가 하루가 다 가는 경우도 생깁니다. 따라서 다양한 양육 기준이 있지만, 비일관적인 꾸지람이나 칭찬을 없애는 것이 가장 중요합니다. 비일관성은 부모의 양육 방식 가운데 가장 나쁜 것으로, 아이의 사회성 발달에 악영향을 미치는 것으로 알려져 있습니다.

아이가 세상에 태어나 제일 처음 만나는 사회는 바로 가족입니다. 아이는 화를 다스리는 법, 감정을 표현하는 법 역시 부모를 보고 배웁니다. 따라서 비일관적인 꾸지람은 다른 사람과 공감하고, 갈등을 해결하는 방법을 익히는 데 큰 걸림돌이 됩니다. 비일관적인 양육은 부모의 불안정한 성격이 가장 큰 요인입니다. 현실에 대한 불안, 가족에 대한 불안, 배우자에 대한 나의 불안이 힘없는 자녀에게 분출되는 상황은 아닌지 점검해봐야 합니다.

기준은 일관되게, 범위는 넓게

그래서 양육의 기준은 크게 잡는 것이 좋습니다. 매사에 너무 잦은 지적을 하게 되면 부모도, 아이도 결국은 지치고 맙니다. 부모는 부모대로 아이가 자신의 말을 제대로 듣지 않는다는 생각에 우울해지고, 아이는 아이대로 내가 어떤 행동을 하든 부모에게 혼날 것이라는 불안감을 안게 되고, 이 상황이 반복되면 스스로 판단하지 않고 부모의 지시를 기다리거나 아예 아무 말도 듣지 않기로 하고 일탈하는 경우가 생길 수 있습니다. 그렇다면 기준을 얼마나 크게 잡는 것이 좋을까요? 우선은 아이가 마주한 사회생활에서 큰 영향을 미칠 수 있는 것에만 집중하는 것이 좋습니다. 지적할 행동을 너무 많이 한다면 화가 난다고 물건을 던지거나 소리를 지르는 행동, 다른 사람의 물건을 빼앗는 등의 행동에만 우선 집중하고, 옷을 뒤집어 벗어둔다거나 덜렁대는 것은 잠시 뒤로 미루는 겁니다.

더 중요한 것은 부모의 일상생활입니다. 아이는 부모의 뒷모습을 보며 자란다는 말이 있습니다. 남들에게 보여주는 모습이 아닌, 가족에게만 보여주는 뒷모습을 보며 자란다는, 생각해보면 무서운 말이기도 하지요. 하지만 그만큼 아이의 인성 발달에 큰 영향을 주는 중요한 부분입니다. 부모의 뒷모습을 잘 보여주면, 그것이 백 마디 말보다 더 좋고 효과적인 양육이 될 수 있습니다. 휴대폰을 그만하라는 말보다, 엄마, 아빠가 늘 손에 쥐고 있던 휴대폰을 먼저 내려놓아야 합니다. 유튜브 그만하고 책 읽으라는 말보다, 아이 앞에서 먼저 책을 잡아야 합니다. 친구랑 사이 좋게 지내라는 잔소리보다, 아이 앞에서 무심코 하는 다른 사람의 험담을 멈춰야 합니다. 소설가 박완서는 이런 말을 한 적이 있습니다.

'자식에 대한 부모의 사랑은 이불과 같아야 한다'

이불은 아침이면 개어놓고 나가지만 춥고 지치면 돌아와 덮고 쉴 수 있습니다. 이불은 아이를 통제하고자 하는 욕심을 내지 않습니다. 아이가 힘들 때 그저 감싸줄 뿐입니다. 스스로 움직이지는 않지만 하루를 살아갈 수 있는 깊은 에너지가 따뜻한 이불 속에서 시작됩니다. 아이들에게 부모의 존재란 그런 것 아닐까요? 힘든 상황에서 세상의 풍파를 겪더라도 결국은 자신을 받아줄 부모가 있기 때문에 괜찮을 것이란 믿음을 주는 존재 말입니다. 일관된 양육만이 이러한 믿음을 아이에게 줄 수 있습니다. 여러분은 아이에게 어떤 이불인가요? 늘 포근하고 가벼운 솜이불인가요? 구멍이 나서 따뜻하게 쉬기 어려운 이불인가요? 아니면 차갑게 옭아매는 올가미는 아닌가요?

부모 먼저 행복해지기

낯선 환경에만 가면 불안해하면서 갑자기 소리를 지르거나 얼어붙어요. 냄새나 소리에 유독 예민하고요. 그런데 어렸을 때부터 익숙한 키즈카페에 가면 트램펄린에 꽂혀서 시간 가는 줄 모르고 에너지를 분출하기도 하는데, 조금만 힘든 공부를 하려고만 하면 5분도 채 잠자코 앉아 있지 못해서 고민이에요. 유치원에 다니는 것도 힘들어 하는데 초등학교 가서는 어떻게 할지 모르겠어요.

아이를 키우면서 크던 작던 불안감을 느껴보지 않은 부모는 없을 겁니다. 잘하면 잘하는 대로, 못하면 못하는 대로 걱정이 있게 마련이지요. 불안이 생기는 근본 원인은 앞날을 알 수 없기 때문입니다. 인간은 생존을 위해 본능적으로 앞날에 대한 예측을 하게 되는데, 앞날은 알 수도 없고 예상 외의 일들이 벌어지기 때문에 늘 불안을 가지고 살 수밖에 없는 존재라고도 할 수 있습니다. 어른인 나의 일도 불안한데, 또래보다 조금 느리고 착석도 힘든 아이를 보면 '학교생활은 어떨까? 별나다고 따돌림을 당하지는 않을까? 수업에 집중하지 못해서 성적에 문제가 생기면 어쩌지? 대학을 못 가면 어떻게 해야 할까?' 하루에도 무수히 많은 불안한 생각이 꼬리에 꼬리를 물고 이어지기 마련입니다.

불안의 이면에 놓인 감정을 한 걸음 더 들여다보면, 결국 '우리 아이가 행복하지 않은 삶을 살까봐'라는 걱정이 마음 한 구석에 작은 새처럼 웅크리고 있는 것을 발견할 수 있습니다. 여기서 중요한 것이 한 가지 있습니다. 바로 행복한 자녀를 키우려면 먼저 부모가 행복해야 한다는 점입니다. 특히 주양육자의 행복은 더욱 중요합니다. 늘 마주하는 어른이 행복해야 아이도 행복합니다. 부모의 뇌 안에 아이가 있듯이, 아이의 마음에도 부모의 감정이 녹아 있습니다. 아이의 유년기 감정이 형성되는 과정에서 절대적으로 중요한 사실은 '아이는 부모의 표정을 바라보며 감정을 배운다'는 점입니다. 옥시토신이란 호르몬은 아이를 안고 먹이는 애착 과정에서 아이에게도 자연히 발생합니다. 주양육자의 품 속에서 옥시토신의 영향으로 아이도 편안함을 느끼게 되는 것이지요. 그런데 자녀의 행복을 걱정하느라 불안한 마음에 부모가 행복하지 않다면, 자녀의 행복을 막는 가장 큰 장애물이 될 수 있습니다.

산만한 아이는 여러 도움이 필요할 수도 있지만, 그렇다고 해서 아이가 불행할 것이라고 속단해서는 안 됩니다. 그런 불안과 걱정은 아무리 감추려 해도 결국은 아이에게 암묵적으로 전달되기 때문입니다. 지금 아이를 바라보며 행복하고 환한 미소를 보여주세요.

06

과학의 힘으로
아이의 마음을 읽는 법

"지안이 결과, 제대로 나온 게 맞겠지?"

가만히 생각해보면 검사받기 전날부터 아이가 예민해져서 정상 컨디션이 아니었던 것 같습니다. 오전 10시 검사라 아이를 일찍 재우려다 보니 자기 싫다는 지안이에게 한 소리를 하고 말았고, 지안이는 울먹이다 토까지 하고서야 자정이 넘어 잠이 들었습니다. 다음날 아침, 일찍 일어나기 힘들어하는 아이를 어르고 달래서 겨우 검사 시간에 늦지 않게 도착했습니다. 엘리베이터를 타고 올라가면서도 그날따라 왠지 신이 난 지안이에게 몇 번이나 주의를 줬습니다. 유치원 오전반도 지루해 죽겠다는 아이가 평소보다 훨씬 들뜬 상태여서 제대로 검사나 받을 수 있을지 의문이 들었습니다.

겁 많고, 불안해하고, 걱정 많고, 궁금한 건 못 참아서 질문도 자주 하는 지안이. 승부욕도 유달리 강해서 게임에서 지기라도 하면 울먹이며 화내다가 친구들과 다투고, 선생님 말씀에 꼬박꼬박 대구하다 혼나지만 자기가 좋아하는 방과 후 선생님께는 폭풍 칭찬을 받기도 하는 지안이. 다행히 지안이는 검사실로 무사히 들어갔습니다. BGT, HTP, SCT, MMPI, KFD, ADS, K-WISC-IV, Rorschach, K-CBCL, CAT. 난생처음 듣는 이름의 검사들을 잘 받을 수 있을지 걱정되는 맘으로, 엄마는 주어진 설문지를 빼곡히 채워가느라 진땀을 흘렸습니다.

정신을 위한 건강 검진

부모라면 누구나 한두 번은 스마트폰으로 '아이 기질 알아보기', '우리 아이 발달 검사' 같은 이름의 간단한 설문 검사를 해본적이 있을 겁니다. 하지만 아이를 파악하기에는 문항 수가 적고, 부모의 관점에 의존한 결과가 나오기 때문에 고민이 많은 부모라면 답답할 수 있습니다. 이런 간이 검사로는 아이를 종합적으로 파악하기 어렵습니다.

혈액 검사 한 번, MRI 검사 한 번으로 전반적인 몸의 상태를 정확하게 판단할 수 있을까요? 개별 검사로 파악할 수 있는 정보에는 한계가 있습니다. 그래서 종합 검진 시에는 혈압, 혈액, 심전도, MRI, 내시경 검사 등 다양한 검사를 통해 몸의 상태를 파악합니다. 당장 문제가 되는 어느 한곳만 들여다보는 게 아니라 잠재적인 위험 요인이 있는지, 아직 드러나지 않은 질환이 있는지 살펴보는 것이지요.

신체 건강 검진에 상응하는 것이 풀 배터리full-battery 검사로, 정신 건강의 종합적인 상태를 살피기 위해 하는 검사입니다. 풀 배터리 검사는 아이의 지능과 기질, 주의력 등을 종합적으로 파악하기 위해 개발됐습니다. 한마디로 정신 건강을 살펴보기 위한 종합 검진이라고 할 수 있지요.

풀 배터리 검사 역시 사람마다 구성을 조금씩 달리 해서 진행할 수 있습니다. 건강 검진할 때를 생각해봅시다. 현재 몸 상태에 따라 특정 검사를 추가하거나 뺍니다. 2년에 한 번은 대장 내시경 검사를 추가하거나, 최근 잦은 편두통으로 고생했다면 뇌 CT를 추가하기도 합니다. 정신 건강 역시 마찬가지입니다. 아이의 발달 수준에 따라, 검사자가 정밀하게 알고 싶은 것이 인지 부분인지 발달 부분인지에 따라 구성하는 검사가 달라질 수 있습니다.

이때 검사의 구성도 중요합니다. 위가 아픈데 대장 내시경으로 불편한 부분을 알 수 있을까요? 척추 통증으로 머리가 아픈데 뇌 CT를 찍어서는 원인을 찾을 수 없을 겁니다. 풀 배터리 검사 역시 아이에게 필요한 검사를 선별하는 과정부터가 중요합니다.

특정 부위의 문제를 파악하기 위해 유사해 보이는 검사를 두 가지 이상 진행해 다양한 측면에서 점검하는 경우가 있습니다. 각각 다른 정보를 알기 위해 같은 부위를 X-ray와 CT, MRI로 촬영할 때가 있는 것처럼 말입니다.

예를 들어 책 읽는 속도가 느린 아이가 있다고 가정해보겠습니다. 이때 글자를 받아들이고 해석하는 측두엽과 후두엽 기능에 문제가 있어서 느릴 수 있고, 읽은 내용을 연결 짓는 기억력이 떨어져서 책 읽는 속도가 느릴 수도 있습니다. 좀 더 이야기해보자면 두 눈의 움직임('안구 도약 운동'이라고 합니다)이 잘 조절되지 않고 흔들려서 망막에 맺히는 글자 이미지가 또렷하지 않을 수도 있습니다. 이처럼 '책 읽는 속도가 느리다'는 하나의 문제 행동에는 이렇게 여러 가지 원인이 존재할 수 있습니다.

따라서 다양한 측면에서 어떤 부분이 문제인지 선별하는 것이 아이에게 정확한 도움을 주기 위한 첫 단추입니다. 심리적인 문제는 풀 배터리 검사를 통해 평소에 아이에게 막연하게 느꼈던 문제를 좀 더 종합적으로 들여다볼 수 있습니다. 이제 풀 배터리를 구성하는 검사들과 검사 결과로 알 수 있는 것들에 대해 알아보겠습니다.

투사적 검사가 아이 마음을 읽는 법

심리 검사는 크게 두 가지, 투사적 검사projective test와 객관적 검사objective test로 분류됩니다. 이 중 투사적 검사는 그림이나 문장을 통해 아이의 심리를 직접 관찰하고 해석하는 검사입니다. 숫자로 표현되는 객관적 검사와 달리 투사적 검사는 아이의 내밀한 심리적 특성을 보다 섬세하게 파악할 수 있다는 장점이 있습니다. 대신 아이의 컨디션과 검사하는 사람에 따라 해석의 차이가 발생하는 한계도 있습니다. 그래서 심리 평가를 할 때는 언제나 투사적 검사와 객관적 검사를 동시에 진행해서 아이의 정서적·인지적 상태를 다각도로 파악할 수 있도록 구성합니다.

대표적인 투사적 검사로는 로르샤흐 검사Rorschach Test, 집–나무–사람 검사House-Tree-Person Test; HTP, 동적 가족화 검사Kinetic Family Drawing; KFD, 문장 완성 검사Sentence Completion Test; SCT 등이 있습니다. 투사적 검사는 자유로운 환경에서 아이들이 반응하는 모습을 평가자가 살펴보고 해석하는 질적 검사입니다.

로르샤흐 검사

모호한 잉크 반점을 보고 떠오르는 생각을 자유롭게 말하는 심리 검사입니다. 아이가 꺼내는 이야기를 통해 아이의 경험과 숨겨진 욕구, 모호한 상황에 대처하는 습관들을 알아내 성격적인 특징을 읽어냅니다. 예를 들어 아이가 그림을 보면서 "괴물이 우리 집을 바라보고 있어요", "외계인이 지구를 멸망시키려 UFO를 타고 쳐들어오고 있어요" 등 자유롭게 이야기하는 내용을 토대로 반응의 일관성을 찾거나 각 그림에 반영된 아이의 상태를 읽습니다.

　로르샤흐 검사의 목적은 모호한 잉크 얼룩을 바라보면서 얼마나 또래 다른 아이들과 유사한 관점으로 답을 하는지 평가하는 것입니다. 그래서 로르샤흐 심리 평가 결과지에는 '평범 반응'이 얼마나 많고 적은지 쓰여 있기도 합니다. 로르샤흐 검사는 모호한 상황을 어떻게 이해해서 문제를 해결하고 답하는지 아이의 사고 과정을 살핍니다. 아이가 문제를 바라보고 풀어나가는 접근 방식을 평가하는데, 이는 친구와의 문제 상황을 비슷하게 인식하고 풀어나갈 수 있는 능력이 있는지, 아이의 감정 조절 능력 수준이 어느 정도인지 알아보는 데 매우 유용한 정보를 주기도 합니다.

　검사 자체는 단순하지만 추가로 질문을 던지며 이야기를 나누는 과정을 통해 아이가 세상을 다정한 곳 혹은 위협적인 곳으로 받아들이는지 이해할 수 있고, 아이의 숨겨진 마음속 상처를 들여다볼 수도 있습니다. 산만한 아이들이 평소에 겪었던 단체 활동의 어려움이나, 자신을 자주 지적하는 선생님이나 친척 같은 어른들에 대해 어떻게 느껴왔는지도 가늠해볼 수 있지요. 따라서 이 검사는 상담자가 아이에게서 대화를 이끌어내고 해석하는 능력과 아이의 협조가 중요합니다.

로르샤흐 검사는 그림 얼룩을 보고 자유로운 답을 이끌어내는 단순한 문답처럼 보이지만, 표준화된 절차를 밟아 시행한 검사를 보다 섬세하고 깊이 있게 해석하는 과정입니다. 그래서 임상가들이 결과 보고서를 작성할 때 많은 시간을 할애하는 검사이기도 합니다. 주관적 검사이므로, 보통은 객관적 성격 검사인 미네소타 다면적 인성 검사와 함께 시행합니다.

집-나무-사람 검사

연필과 A4 종이 네 장, 지우개만 있으면 할 수 있는 간단한 투사 검사입니다. 준비물은 간단하지만 검사를 통해 알아볼 수 있는 내용은 풍부합니다. 아이가 가족에 대해 느끼는 기본적인 감정이나 자기 자신에 대한 이미지를 어떻게 그리는지, 세상을 받아들이고 해석하는 방식은 어떤지 등에 대해 엿볼 수 있습니다.

여기서는 연필로 선을 그리는 과정이나 종이에 표현된 연필의 압력, 그림 크기나 사람의 표정을 통해 아이 마음에 반영된 심리적 이미지를 역추적합니다.

예를 들어 그림이 전체적으로 스케치북 왼쪽 구석에 치우쳤다면 감정적이고 과거에 집착하는 성향이라는 것을 파악할 수 있고, 사람을 작게 그렸다면 자존감이 낮고 에너지 수준도 떨어지는 것으로 짐작할 수 있습니다. 또 자존감이 낮은 아이들은 필압이 약해 희미한 선으로 그림을 그리기도 하지요. 신체 부위 중 손을 그리기

▲ 집-나무-사람 검사

어려워하는 아이들은 소극적이고 대인 관계에서 불만이 있는 경우로 보고되기도 합니다. 대인 관계에 어려움이 있는 아이는 얼굴의 정면이 아닌 옆모습을 그리며, 방어적 경향을 드러낸다고도 봅니다. 이 검사는 그림 자체를 보고 심리를 판단하는 데서 끝나는 게 아니라, 그림을 두고 아이와 대화를 하며 좀 더 깊이 감춰진 심리까지 파악합니다.

동적 가족화 검사

이 검사는 가족 모두 어떤 활동을 하는 그림을 그리게 한 뒤, 거기에 묘사된 가족들의 활동을 함께 보며 아이의 불안감, 행복감,

▲ 동적 가족화 검사

정서적인 갈등을 이해하는 검사입니다.

이 그림에는 가족 구성원의 가정 내 위치나 역할이 반영되곤 합니다. 많은 경우 아빠는 핸드폰을 보거나 누워 있는 모습 등 휴식을 취하는 모습으로 표현됩니다. 한편 엄마는 요리하거나 아이를 안고 있는 등 집안일을 하고 있는 모습으로 자주 묘사됩니다.

자기 주도권을 가지고 싶은 청소년의 경우, 다른 가족들보다 높은 발판에 혼자 올라가 있는 그림을 그리기도 합니다. 심각한 병리적인 문제가 있는 경우에는 가족들의 얼굴을 텅 빈 상태로 묘사하기도 합니다. 그림에서 생략된 가족이 있는지도 살펴봅니다.

문장 완성 검사

문장 완성 검사는 아동 33문항, 청소년 38문항, 성인 50문항으로 이루어진 검사로, 투사 검사 중 가장 간편하고 유용합니다. 주어진 문장 뒤에 떠오르는 생각을 적어 문장을 완성해야 하는데, 이때 오래 고민하지 말고 '가장 먼저 떠오르는 말'을 적어야 합니다. 문장은 이런 식으로 주어집니다.

- 나에게 무섭게 보이는 것은 _____
- 엄마 몰래 내가 하고 싶은 것은 _____
- 만일 내가 동생이랑 나이가 같다면 _____

여기서는 보통 가족과 친구들에 대한 반응과 태도 및 자신의 현재와 미래 상황을 짐작할 수 있는 단서를 얻게 됩니다. 어떻게 문장을 완성했는지에 따라 아이가 세상을 바라보는 태도, 미래에 관한 생각, 내재된 불안을 살필 수 있습니다.

그 외에도 로르샤흐 검사와 같이 애매한 자극에 대한 반응을 살펴보는 주제 통각 검사Thematic Apperception Test; TAT가 임상에서 자주 사용됩니다. 이러한 투사적 검사의 장점은 아이가 무엇을 평가받는지 알 수 없기 때문에 심리적으로 방어하기 어렵다는 것입니다. 그래서 지금 있는 그대로의 아이 심리를 살펴볼 수 있습니다.

반면 정확한 수치로 나타내기 어렵기 때문에 검사 결과를 또래 아이들과 비교하기 어렵고, 평가자가 달라지면 해석도 달라질 수 있다는 점이 한계이기도 합니다. 따라서 이 같은 한계를 보완하기 위해 검사자나 주변 환경으로부터 상대적으로 자유로운 객관적 검사도 함께 시행합니다.

객관적 검사가 아이 마음을 읽는 법

객관적 검사는 통계를 통해 아이 능력을 또래 평균과 비교하는 평가입니다. 어느 기관에서 검사를 받든 문항이 같고, 검사 절차나 시간 등이 명확하게 정해져 있습니다. 또 결과가 알아보기 쉽게 숫자로 정리되고, 아이의 주의력이나 지능이 어느 정도인지 직관적으로 알아볼 수 있다는 장점이 있습니다.

대표적인 객관적 검사로는 한국판 아동용 웩슬러 지능검사 5판 K-WISC-V, 정밀 주의력 검사Advanced Test of Attention; ATA, 종합 주의력 검사Comprehensive Attention Test; CAT, 다면적 인성 검사Minnesota Multiphase Personality Inventory; MMPI 등이 있습니다.

이 검사들은 검사 후 채점과 해석이 간편하고 객관적이며, 신뢰도와 타당도가 우수하다는 장점이 있습니다. 즉, 평가하는 사람이 검사 결과에 큰 영향을 주지 않습니다. 반면 검사 시간이 1시간

이상 걸리는 웩슬러 지능검사나 30분 이상의 시간이 필요한 종합 주의력 검사의 경우 아이가 검사 내용 자체를 이해하는 데 어려움을 겪을 수 있고, 심하게 지루해할 경우 검사 결과가 달라질 수 있기 때문에 검사 당일 아이의 컨디션이 중요합니다.

지능 파악을 위한 아동용 웩슬러 지능검사

지능은 학업성취도, 자기조절력 등 다양한 영역에서 개인의 삶에 영향을 미칠 수 있습니다. 하지만 분명하게 구분해두어야 할 것은, 아이의 '지적인 능력'과 'IQ점수'는 다르다는 점입니다. IQ점수는 표준화된 지능검사 가운데 하나인 '웩슬러 지능검사Wechsler Intelligence Scale'의 수행 결과이고, 지적인 능력을 측정하기 위한 하나의 시험 점수라고 볼 수 있습니다. 반면 아이가 본래 갖고 있는 잠재적 지능은 IQ점수와 구별해서 볼 필요가 있습니다. 마치 내신점수가 좋고 매사에 성실한 학생이 수능시험에서 기대만큼 점수를 받지 못했다고 해서, 그 학생의 학습능력이 수능 점수와 일치한다고 말할 수 없는 것과 마찬가지입니다.

물론 초기 지능 검사는 학업성취도를 예측하기 위한 목적으로 만들어졌습니다. 인지심리학의 기초를 세운 심리학자 율릭 나이서 등의 연구에 따르면 아이의 IQ점수가 높을수록 학업성취도가 높은 것으로 나타났습니다. 하지만 IQ점수가 학업성취도로 무조건 연결되는 것은 아니며, 스스로를 통제하는 힘, 즉 자기통제가 높은 아이일수록 학업성취 수준이 더 높은 것으로 나타났다는 점이 더욱 중요한 시사점입니다. 자기조절능력이 높은 아이들은 미래의 더 큰 보상을 위해 현재의 만족을 지연시킬 수 있는 만족지연능력 역시 탁월했고, 이는 특히 작업기억력과 연관이 있는 것으로 보고되었습니다. 연령에 따른 지능 발달은 돌 이후 약 10살까지 급격하게 증가하는 모습을 보입니다.

웩슬러 지능검사는 연령에 따라 검사의 종류가 달라집니다. 한국판 유아용 웩슬러 지능검사 4판K-WPPSI-IV의 경우 2세 6개월부터 7세 7개월까지의 유아를 대상으로 전반적인 지능과 더불어 발달 정도를 알아보는 검사입니다. 한국판 아동용 웩슬러 지능검사 5판

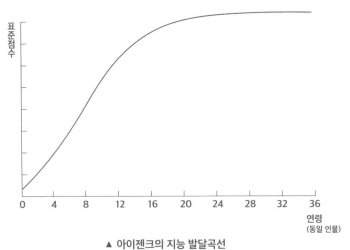

▲ 아이젠크의 지능 발달곡선

from N. Bailey's Development of mental abilities

K-WISC-V은 만 6세에서 16세 11개월까지 아동 청소년의 지능 및 신경발달 정도, 학습 능력을 평가하는 검사입니다.

대학병원이나 전문 심리센터에서 시행하는 '웩슬러 지능검사'는 상당한 신뢰도를 갖고 있기 때문에 검사 결과를 다양하게 활용할 수 있다는 장점이 있습니다. 일반적으로 만 7세 전후의 웩슬러 지능검사 결과를 통해서 성인기의 지능을 높은 신뢰도로 예측할 수 있기 때문에, 초등학교부터 고등학교까지 무려 12년에 이르는 긴 정규교육을 시작하는 시점에 지능검사를 받으면 아이의 강점과 약점을 파악할 수 있는 중요한 근거 자료가 될 수 있습니다.

조용하게 산만한 아이, 즉 멍 때리는 유형의 아이들은 세부 항목 중 처리 속도 점수가 확연히 낮은 경향을 보이기도 합니다. 그래서 빠릿빠릿하게 계산하거나 행동하지 못하는 것처럼 보입니다. 반면 충동적이고 산만한 아이들은 복잡한 지각 추론 과제와 작업 기억의 점수 차이가 확연하게 벌어지는 등 전반적으로 인지적 기능의 균형이 흐트러져 있는 양상을 자주 보입니다. 따라서 웩슬러 지능검사의 결과를 구체적으로 들여다보며 아이가 가진 장점과 약점을 파악하고, 또래 아이들과 지낼 때 어떤 점을 힘들어 할지 가늠할 수 있습니다.

참고로 지능 검사는 이전 버전인 '한국판 아동용 웩슬러 지능검사 4판K-WISC-IV'과 최신 버전인 '한국판 아동용 웩슬러 지능검사 5판K-WISC-V'이 있는데, 최신 버전으로 검사하는 경우 지능 수치가 더 낮게 나오는 경향이 있습니다. 그 이유는 검사지에 세대가 변하고 사회가 복잡해질수록 평균 지능이 오르는 플린 효과Flynn effect를 반영하기 때문입니다. 그래서 새로운 버전을 낼 때는 지능 지수IQ의 평균점인 100점이 나오는 기준을 점점 어렵게 조정합니다. 그러므로 전 버전에 비해 최신 버전의 지능 검사 결과가 낮게 나왔다고 해서 실제로 아이의 지능이 낮아진 것은 아닙니다.

최근 업데이트된 한국판 아동용 웩슬러 지능검사 5판 검사는 6~16세 대상으로 진행하며, '언어이해', '시공간', '유동추론', '작업기억', '처리속도'라는 다섯 가지 범주로 나누어 지능을 측정하게 됩니다. 그 과정에서 실생활에서 습득한 지식을 가늠하게 되기 때문에 평소에 아이가 친구들과 나눈 이야기, 언어개념 등을 확인하는 데 도움이 되고, 토막짜기나 미로 등 복잡한 상황을 어떻게 해결하고 전략을 짜는지 살펴봄으로써 아이의 지적 잠재력을 알 수 있게 됩니다. 이렇게 얻어진 지능지수IQ는 아이의 '현재' 인지기능에 대한 중요한 정보를 갖게 되지만, 동시에 불변하는 점수가 아니라 일정한 범위 안에서 변화될 수 있다는 점을 잊지 않는 것이 좋습니다.

일부 부모들은 웩슬러 검사 결과를 보고 큰 충격과 실망감에 잠을 설치기도 하는데, 아이의 지능을 확정하는 것이라고 받아들이는 것보다, 현재 아이에게 필요한 보완점을 정확하게 찾아갈 수 있는 이정표라고 이해하는 것이 바람직합니다. 예를 들어 우울감

웩슬러 지능 검사 결과 예시

지표		환산점수 합	지표점수	백분위	신뢰구간 (95%)	진단분류 (수준)
언어이해	VCI	18	95	36	87-103	평균
시공간	VSI	21	103	57	94-111	평균
유동추론	FRI	21	103	58	95-110	평균
작업기억	WMI	17	92	29	85-100	평균
처리속도	PSI	24	111	76	101-118	평균 상
전체 IQ	FSIQ	73	103	58	97-109	평균

소검사 환산점수 프로파일

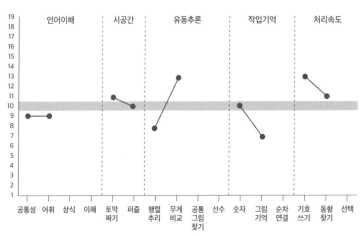

이 높은 아이는 자신의 잠재력을 충분히 발휘하는 것이 어려울 수 있기 때문에 전체 지능이 낮게 나올 수 있지만, 우울감이 개선되고 또래 관계와 부모와의 관계가 개선되면 전체 지능지수가 개선되는 경우가 많습니다.

멍 때리는 아이를 위한 연속 수행 검사

멍 때리는 아이와 충동을 억제하기 힘들어하는 아이를 구별할 수 있는 효과적인 검사 중 하나가 바로 정밀 주의력 검사ATA와 종합 주의력 검사CAT입니다. 두 검사는 모두 연속 수행 검사Continuous Performance Test; CPT의 한 종류입니다. 특정한 기호와 숫자를 10여 분 동안 컴퓨터 화면에 보여주거나 소리를 들려주면서 얼마나 '빠르고', '정확하고', '일관되게' 검사 자극에 반응하는지 살펴보는 검사입니다. 이 실험은 지루한 상태에서 아이가 얼마나 주의력을 지속할 수 있는지를 봅니다. 아이가 유튜브나 게임에 한 시간 이상 빠져 있다고 주의력이나 집중력이 좋다고 말하기는 어렵습니다. 그래서 일부러 지루한 상황을 만들고 아이가 반응하는 속도와 일관성을 살피는 것입니다.

자주 멍 때리는 아이들은 자극을 자주 놓치는 '누락 오류'가 높습니다. 반면 산만하며 충동성이 강한 아이들은 엉뚱한 자극에 반응을 반복하는 '오경보 오류'가 또래 평균보다 빈번하게 나타나는 경향을 보입니다.

이 검사는 만 4세 아동부터 49세 성인까지 표준화된 검사로서, 인지 발달 수준을 객관적으로 알아보는 데 큰 도움이 됩니다. 웩슬러 지능검사의 항목 분류 중 '처리 속도'와 '작업 기억', CAT 종합 주의력 검사 결과는 상당히 높은 관련성을 보이기 때문에 또래 아이들 평균과 비교해서 아이의 주의력과 지능이 어느 정도 수준인지 객관적으로 살펴볼 수 있습니다.

정서 문제와 사고를 파악하는 미네소타 다면적 인성 검사

미네소타 다면적 인성 검사Minnesota Multiphasic Personality Inventory; MMPI는 자기 보고형 심리 검사로, 수많은 연구와 임상 사례를 통해 타당성 논란이 거의 없는 객관적인 성격 검사입니다. 호불호가 갈리지 않고 검사와 채점이 간편하여 임상 심리학자들이 광범위하게 사용하는 검사이기도 합니다.

이 검사로 아이가 가진 정서적인 문제와 사고를 들여다볼 수 있는데, 산만한 아이들은 주변 사람들에게 부정적인 말을 지속해서 들어왔을 가능성이 높기 때문에 불안이 높고 객관적인 상황 판단력이 낮은 결과를 보여주는 경우가 많습니다. 예를 들어 산만한 아이는 지나치게 자의적으로 주변 상황을 해석하기 때문에 다른 사람이라면 아무렇지 않게 지나칠 일도 쉽게 지나치지 못하고 마음속에 담아두거나, 다른 사람이 자신을 비난하고 공격한다고 오해하는 경우가 많습니다. 이런 경우, 자기 효능감이 떨어져 있거나 강박 사고, 타인의 행동과 의도를 자의적으로 해석하는 경향이 검사 결과에 반영됩니다. 그로 인해 생길 수 있는 가족 관계에서의 문제, 더 나아가 대인 관계를 맺는 데 있어 수동적이고 지속적으로 관계를 유지하는 심리적 자원이 부족해 반복적으로 회피하는 모습을 보일 수 있기 때문에 사회적 미숙함이나 부족한 측면을 보완하는 데 이 검사가 도움을 줄 수 있습니다.

이처럼 다양한 객관적 검사들이 존재하며, 이러한 검사들은 명확한 수치로 아이의 현재 상태를 알려주기 때문에 양육의 방향을 잡는 데 훌륭한 길잡이 역할을 해줍니다.

실제로 캐나다 맥길대학과 더글러스 정신 건강 대학병원 연구팀은 과잉 행동을 보이는 아동의 행동을 지속 주의력 검사를 통해 측정한 적이 있습니다. 검사 결과, 과잉 행동 자체보다 집중을 유지하고 충동을 조절하는 데 어려움을 느끼는 척도가 훨씬 높았고, 그러한 약점을 보완하기 위해서는 약물뿐 아니라 다양한 심리적 개입이 효과적이라고 보고한 바 있습니다.

많은 부모가 "우리 아이는 정말 산만한데 신통하게도 성적은 잘 나오고, 수업 시간에 안 듣는 것 같아도 선생님이 물어보면 다 대답하더라"라는 이야기를 자주 합니다. 그런 경우는 주의력이 또래에 비해 좋지 않지만 지능이 보완해주는 상황입니다. 그렇지만 주의력은 중학교와 고등학교, 상급 학교로 이어질수록 학업을 수행하는 데 중요한 요인입니다. 공부가 어려워지고 학습량이 늘면 단순히 지능만으로 버티는 데는 한계가 오기 때문에 객관적 평가를 통해서 아이의 상태를 살피고 어려운 점이 있다면 적절한 양육과 훈련을 통해 보완해야 합니다.

정확한 검사를 위한 준비

검사 전날 지안이처럼 아이가 잠을 제대로 못 잤다면, 지능 검사나 주의력 검사를 수행하는 데 약간의 영향을 미칠 수 있습니다. 물론 그러한 요인까지 고려해 디자인한 검사이지만, 심리적 능력을 정확한 수치로 측정하는 것은 까다로운 작업이기 때문에 검사 전에 아이의 컨디션을 잘 조절하는 것이 중요합니다. 큰 비용이 드는 심리 검사, 정확한 결과를 위해서 챙겨야 할 것들은 다음과 같습니다.

• 충분히 잠을 잘 수 있게 도와주세요

검사 결과의 신뢰도를 높이기 위해 검사 전날에는 잠을 충분히 자는 것이 좋습니다. 그뿐 아니라 가벼운 감기 기운이나 평소에 비염, 알레르기가 있어 항히스타민제가 포함된 종합 감기약이나 비염약을 먹는다면 부작용으로 졸릴 수 있습니다. 검사 수행에 영향을 줄 수 있기 때문에 검사 당일에는 약을 먹지 않는 것이 좋습니다.

• 어떤 검사를 받게 될지 미리 알려주세요

아이에게 검사에 대해 미리 이야기하지 않아 검사실에 들어가는 것을 거부하거나 화장실에 들락거리며 망설이는 모습을 종종 봅니다. 정확한 결과를 얻기 위해서는 반드시 아이에게 검사의 성격에 대해 개략적으로 설명해주어 아이가 마음의 준비를 할 수 있도록 도와주는 게 좋습니다. 물론 질환에 대한 이야기를 직접 언급하는 것보다 '이제 3학년이 되니까' 혹은 '중학교 올라가니까' 공부에 도움을 주기 위해 주의력 검사를 한다고 미리 언급하면 검사를 수행하는 아이에게 동기 부여가 될 수 있고, 마음의 준비도 할 수 있습니다.

• 임상 경험이 많은 전문가를 찾아주세요

투사적 검사의 경우, 전문가마다 결과 해석의 차이를 보이기도 합니다. 임상 심리사가 아이를 관찰하며 특성을 해석하기 때문에 임상 심리사와 아이의 반응에 따라 해석의 차이가 생길 수 있습니다. 사람과 사람이 만나서 진행하는 검사다 보니 같은 반응도 검사자마다 다르게 해석할 수 있고, 한편 같은 질문인데도 아이가 검사자마다 다르게 반응할 수 있습니다. 따라서 되도록 임상 경험이 많은 곳을 선택하는 것이 신뢰도 측면에서 좋습니다. 심리 검사를 받기로 했다면 검사 기관에 대해 신중하게 알아봐야 합니다.

심리 검사와 관련하여 공인된 자격을 갖춘 전문가는 다음과 같습니다.

정신 건강 임상 심리사: 보건복지부 발급 자격증을 가진 사람

임상 심리 전문가: 한국 임상심리학회 발급 자격증을 가진 사람

임상 심리사: 한국 산업인력공단 발급 자격증을 가진 사람

• 검사 결과를 구체적으로 상담해주는 곳이 좋아요

검사 결과는 구체적으로 듣는 것이 좋습니다. 상당한 비용을 들여 풀 배터리 검사를 하고도, 검사 결과에 대해 충분히 듣지 못하고 진단 소견과 검사 결과지만 받아오는 부모도 많습니다. 생각지 못한 진단명을 듣고 소위 멘붕에 빠지는 부모도 많고요. 쫓기듯 상담실에서 나와 집에 와서 곰곰이 생각하고서야 아이 검사 결과에 대해 궁금한 것들이 떠오르는데, 다시 상담받기는 쉽지 않기 때문에 인터넷으로 상담하는 부모도 상당수입니다. 하지만 비전문적인 답변은 오히려 아이의 상태를 이해하는 데 방해가 되고, 잘못된 생각을 갖게 할 수 있습니다. 그렇기 때문에 처음부터 자세히 결과에 대해 상담하고, 전문가의 도움받을 수 있는 부분과 집에서 부모가 도울 수 있는 부분을 분명하게 듣는 게 중요합니다.

앞서 살펴보았듯이, 과학적이고 통계적인 방법에 따라 심리 평가를 하면 우리 아이가 또래 아이와 비교해 실제로 어느 정도 주의력을 가지고 있고, 어떤 부분에서 도움이 필요한지 다각적으로 점검할 수 있습니다. 그래서 문제에 대해 충분한 근거를 갖고 해결할 수 있을 뿐 아니라 아이의 인지적이고 정서적인 특성을 고려해서 앞으로 어떻게 도울지 방향도 잡을 수 있습니다.

아이가 뭔가 다르다는 걸 어떻게 알 수 있을까?

아이가 뭔가 다르다는 것을 언제 어떻게 알 수 있을까요? 꼭 검사를 받아야만 눈치챌 수 있을까요? 특별한 아이를 키우는 부모들은 "애가 말이 늦네", "애가 많이 활동적이네요" 같은 말을 듣곤 합니다. 그러면 주로 온라인 맘카페에서 경험담을 찾아 읽습니다. 다른 아이와 내 아이의 상태를 비교하는 것은 틀린 방법이 아닙니다. 다만 정확한 척도가 있다면, 다른 사람의 주관적인 경험에 의해 흔들리지 않을 수 있습니다.

아이 성장에 있어서는 발달 심리학이 그 척도입니다. 발달 심리학은 인간이 반드시 거쳐야 하는 발달 과정을 체계적으로 정리한 학문입니다. 물론 모든 아이가 약속이라도 한 것처럼 똑같은 시기에 특정한 발달 단계에 도달해야 하는 것은 아닙니다. 아이마다 발달 속도는 분명히 다릅니다. 하지만 그런데도 '반드시' 거쳐야 할 발달 단계가 있고, 이 과정을 생략하거나 건너뛰면 정서나 인지 기능을 발휘하는 데 어려움이 생길 수 있지요.

발달이라는 표준 척도
발달이란 아이가 살아가기 위해 필요한 기능을 배우고, 상황에 맞추어 적절히 행동할 수 있는 '적응의 연속'을 말합니다. 사람은 엄마 배

발달 단계	영아기	걸음마기	전학령기	학령기
	0~12개월	12~48개월	4~7세	7~12세
대근육 발달	뒤집기, 기기, 서기	도움 없이 걷고 뛰기, 대소변 가리기	한 발로 뛰기, 줄넘기, 가위질	구기 운동, 자전거 타기
소근육 발달	장난감 흔들기	토막 쌓기, 동그라미 그리기(2세), 십자가 그리기(3세)	사각형 그리기(4세), 오각형 그리기(6세)	다양한 그림, 모형 제작
인지·언어 발달	옹알이(3~4개월), 숨은 물건 찾기(8개월), 합동 주시(어른 시선 따라 보기)	엄마, 아빠 단어 발화(12개월), 2~3단어 문장 발화(24개월), 200여 단어 습득	언어의 급성장, 말장난, 상상해서 말하기(거짓말)	지적인 게임 수행, 신체 기술 연마, 글 읽고 쓰기
사회성·정서 발달	눈 맞춤(1개월), 사회적 미소(2~8개월), 분리 불안과 낯가림(6~8개월), 애착 형성(6~12개월), 눈치 보기	자기 주장과 거부 표현, 생떼 쓰기, 공격 행동, 능동적인 주위 탐색	성 역할 모방, 또래와 협동 놀이, 귀신과 괴물에 대한 공포감, 사회적 규범에 대한 초기 순응	이타심, 배려, 질서 의식, 단체 스포츠 활동
발달 과제	애착·기본적 신뢰감 형성, 중추 신경계 성숙	공격성과 충동 통제, 자율성 발달, 자아의 분리·개별화	남녀 성 역할 학습, 목적 의식 습득, 사회적 역할 학습	또래 관계 적응, 자존감
병리 발현 시점	수면 문제, 자폐 스펙트럼 장애, 지적 장애	이식증, 적대적 반항 문제, 반응성 애착 장애, 언어 발달 지연	유뇨증·유분증(대소변 못 가림), 야경증, 주의력 결핍 과잉 행동 장애, 발달성 언어 장애	자존감 문제, 학습 부진, 반항, 불안, 우울, 강박, 틱, 공황 장애

▲ 아동 발달표

속에 있을 때부터 세상에 태어나 죽을 때까지 신체, 인지, 정서 등의
발달 단계를 거칩니다. 모든 발달 과정이 중요하지만 아주 어린 아이
의 경우 '언어 발달'과 '소근육 발달'을 통해 적응을 잘하고 있는지 여
부를 체크합니다.

소근육과 대근육은 몸을 움직여 세상을 탐색하고 구체적으로 사물을 조작하는 능력입니다. 신체 움직임과 뇌는 긴밀하게 연결되어 있기 때문에, 신체 발달뿐 아니라 인지 기능을 발달시키는 토대가 됩니다. 특히 소근육 발달은 말하기와 관련된 혀 근육을 조절하는 등 언어 표현에도 중요한 역할을 하므로 유아기 때부터 소근육 발달을 주의 깊게 살피는 것이 좋습니다. 그렇지만 소근육 발달이 늦다고 해서 모두 인지 기능이 떨어지는 것은 아닙니다.

언어 발달은 사회성의 토대가 됩니다. 그런데 소근육·대근육 발달과 달리 눈으로 발달 상태를 확인하기 어렵고, 또 아이에 따라 발달 속도가 다르기 때문에 자칫하면 적절한 치료 시기를 놓칠 수 있습니다. 특히나 언어 발달, 언어 이해 능력은 지능과 연관이 크기 때문에 유아기 때부터 세심하게 살피는 것이 좋습니다.

발달 지연은 연쇄적인 영향을 미칩니다

우리가 외부에서 보는 발달은 몸의 어느 한쪽만 독립적으로 이뤄지는 게 아니라, 뇌와 신체의 발달이 연쇄적으로 영향을 미치면서 일어나 환경에 적응하는 것입니다. 따라서 특정 시기에 있어야 하는 발달이 일어나지 않으면 연쇄적으로 어려움을 겪습니다.

예를 들어 말이 늦게 트이고 언어 이해력이 떨어지는 아이를 생각해 봅시다. 이 아이의 경우 의사 표현이 어렵기 때문에 부모에게 원하는 것을 능숙하게 설명하지 못합니다. 또 어린이집이나 유치원에서도 다른 친구들에 비해 선생님께 적절하게 도움을 구하지 못하겠지요. 이 아이는 제때 소통하지 못해 또래 아이들보다 부정적인 경험을 많이 할 가능성이 높습니다. 그러면 아이에게 세상은 적대적이고, 친절하지 않은 곳으로 각인됩니다. 이런 경험이 반복되면 자존감이 낮아질 수 있고, 타인은 믿을 만하지 못하고 위험한 존재라고 생각할 수 있습니다. 이 낯선 사람이나 상황을 회피하려는 경향을 보일 수 있고요. 어린이집에 가는 것을 지나치게 거부하거나 선생님을 과하게 피하는 행동으로 표현되기도 합니다.

즉, 언어 발달이 늦을 뿐이지만 어린이집이나 다른 사람들과의 관계에 적응하는 데 어려움을 겪고, 그로 인해 딴청을 피우거나 남의 말을 못 들은 척하는 행동, 지시 사항을 수행하지 못해 반항하는 모습, 눈치 없는 행동 등이 나타날 수 있습니다. 그러므로 시기별로 아이의 발달 속도를 체크하는 것이 중요합니다.

Q: 발달이 늦으면 무조건 문제일까요?

전반적인 발달 중에서 행동 하나가 발달 연령과 맞지 않는다고 해서 즉각적인 문제가 발생하는 것은 아닙니다. 즉, 말 하나 늦다고 바로 자폐를 의심하거나, 충동적인 행동을 한다고 ADHD 진단이 내려지는 것은 아니라는 것이죠. 모든 아이가 자로 잰 듯 발달 연령을 지키며 성장하는 것은 아닙니다. 전문 기관에서도 6~12개월 정도의 차이는 지켜보는 편입니다.

다만 영아기는 몸에서 느끼는 감각과 운동이 뇌에 길을 내는 시기입니다. 따라서 다른 발달 시기보다 상대적으로 중요합니다. 예컨대 아이가 귀에 문제가 있어 소리에 잘 반응하지 못하면 소리를 관장하는 뇌 영역이 제대로 자극받지 못해 발달이 이뤄지지 않을 수 있습니다. 귀의 문제인데 뇌가 자극을 받지 못해 뇌 발달이 이뤄지지 않는다면, 향후 귀를 치료해도 소리를 처리하는 뇌 영역이 반응하지 않을 수 있습니다. 그래서 생후 6개월 정도의 영아의 경우, 소리 나는 곳을 쳐다보지 않거나 시선을 맞추지 못한다면 영유아 검진 때 의사와 상담하거나 필요에 따라 전문 기관에서 발달 검사를 받는 것이 좋습니다.

Q: 소근육 발달이 느리면 다른 인지 발달도 늦을까요?

소근육 발달이 늦다고 반드시 인지 발달이 늦는 것은 아닙니다. 예를 들어 소근육 발달만 늦은 아이가 사탕 봉지를 손으로 까기 힘들어 가위를 이용했다면 인지 발달에 문제가 있다고 보기는 어렵습니다. 소근육 발달은 만 5세까지는 지켜봐야 합니다.

Q: 언어 발달이 늦으면 떼쓰고 고집부리는 것이 심해지나요?

아이가 자꾸 울고 떼쓰는 경우, 언어 발달이 늦어서 자기표현을 못 해서 그러는 것으로 오해하곤 합니다. 물론 언어 발달이 늦으면 짜증이 늘기도 하지만 35개월이 지났다면 좀 더 세심하게 관찰해야 합니다. 일반적으로 35개월이 넘으면 "떼쓰지 않고 기다리면 사탕을 줄게" 같은 조건부 표현을 이해할 수 있습니다. 이 경우는 언어 발달에 문제가 있다고 보지는 않습니다.

하지만 아이가 언어 발달이 늦어서 '떼쓰지 않고 기다리면'이라는 조건은 이해하지 못하고 '사탕 줄게'라는 말만 이해하는 경우, 부모가 준다고 하는 사탕을 주지 않으니 울고 떼를 쓰는 것이지요. 따라서 평소 아이의 언어 발달 수준을 고려해 고집을 피우는 것인지, 이해를 못해서 감정이 폭발한 것인지 구분하면 훈육이 수월해집니다.

Q: 말이 늦게 트이는 것 같은데 언어 치료를 받아야 할까요?

말을 할 때는 혀의 미세한 근육을 조율해서 발음해야 하므로 소근육 발달이 선행되어야 합니다. 따라서 자연적으로 운동성이 늘도록 기다린 후에 언어 치료를 하는 것이 더 좋습니다. 그리고 언어 치료를 해도 말이 트이는 것에 주안점을 두기보다 언어에 대한 이해를 높이는 방향으로 치료하는 것이 좋습니다.

Q: 말이 늦는데 어린이집 보내도 될까요?

언어 이해력이 떨어진다면 일반 어린이집 적응이 힘들 수 있습니다. 전문 기관의 검사를 받기 전에 가정에서 언어 이해력을 확인하기 바랍니다. 두 돌이 지나면 두 가지 물건을 가져오라고 했을 때 이를 수행할 수 있어야 합니다. 예컨대 "엄마 과자랑 아빠 과자 하나씩 갖다 주세요" 같은 심부름을 할 수 있어야 합니다. 또 "바구니에 공을 넣자", "식탁 밑에서 수건 갖다줄래?"처럼 위치와 관련된 부사를 이해하고 크기 비교 등이 가능해야 합니다.

우리 뇌에서 언어 이해력과 소근육 제어를 담당하는 부분은 연결돼 있습니다. 그래서 걷거나 뛰는 등 대근육 활동에는 문제가 없지만 한 발 들고 서 있기, 제자리 뛰기 등 세분화된 운동이 안 되면 소근육 발달이 지연되고 있다고 봅니다. 이 경우 발음이 부정확하거나 배변 훈련도 늦을 수 있습니다. 어린이집처럼 또래들과 늘 함께 활동하고 놀이하는 환경에서는 심리적으로 크게 위축될 수 있기에 기관에 보내기 전에 적응을 잘하는지, 적절한 치료가 필요한지 알아보는 것이 좋습니다.

Q: 어떤 검사들이 도움이 될까요?

발달을 살피기 위해서는 아동 발달 검사Child Development Inventory; CDI가 도움이 됩니다. 부모의 관찰을 토대로 아이의 사회성, 대근육과 소근육 발달, 언어 이해와 표현, 글자와 숫자 이해, 자조 행동 등으로 범주를 나누어 생리적 나이와 범주별 발달 연령을 그래프로 보여줍니다. 아이의 발달적 약점을 파악하고 대응할 수 있습니다.

07

진단명이라는 틀 안에
아이를 가두지 마라

요약 및 제언

만 7세, 남, 이지안

전체 지능이 평균 상 수준으로 인지 능력이 양호한 편이나, 지표들과 지능 검사 내의 소검사(언어 이해/지각 추론/작업 기억/처리 속도) 간의 편차가 유의한 바, 불균형적인 발달이 시사됨.

학업 성취에 대한 욕구도 적절하고 학업에 대한 거부감이 있지는 않으나 흥미에 대한 호불호, 주의력과 충동성 억제 문제가 시사되는 바, 이는 학업 장면에서 아이가 가진 지능을 저해할 가능성이 있겠음. 또 사회적인 상황에 대한 유연한 대처 능력이 빈약하여 사회적 관계 형성을 하는 부분에서 어려움을 야기할 수 있으며 이후 품행 문제 등에 대한 주의를 요함.

따라서 주의력 부분에 대한 인지 치료와 놀이 치료를 통해 주의력 문제와 사회성 문제를 개선한 후 1년 단위로 지속적으로 평가하면서 경과 관찰할 필요가 있으며, 양육 태도 개선 및 바람직한 가정 분위기 조성을 위한 부모 교육이 병행되어야 함.

"행복한 가정은 모두 비슷한 이유로 행복하지만, 불행한 가정은 저마다의 이유로 불행하다."

심리 검사 결과를 듣던 날, 지안이 엄마는 《안나 카레니나》의 첫 문장을 떠올렸습니다. 작은 기대마저 사라져 암담한 기분이 듭니다. 지안이가 ADHD나 품행 장애 같은 뚜렷한 진단명을 받은 것은 아니지만, 검사 결과지 마지막에 요약된 내용이 머릿속을 혼란스럽게 합니다. 어디서부터 지안이에게 도움을 줄 수 있을지 막막하여 의사 선생님과의 상담 시간은 빛의 속도로 흘렀습니다.

집으로 돌아와 몇 번을 다시 읽어보았지만, 검사 결과지에 묘사된 지안이는 내가 아는 아이가 맞나 싶습니다. 지능은 정상이라니 다행이지만 '불균형한 발달'이라는 말이 어떤 의미인지 알 수 없습니다. '사회적 상황에 유연하게 대처하기 어렵다'는 표현을 보니 명절에 처음 만나는 친척들에게도 씩씩하게 다가가 인사하던 모습이며, 동네 이웃들에게 붙임성 좋다는 칭찬을 듣던 모습이 떠오릅니다. 특히 마지막, '부모 교육이 병행되어야 함'이라는 말에서 눈길이 자

꾸 머뭅니다. '부모 교육이 부족한 탓인가?'

잠든 지안이의 머리를 쓰다듬으며 생각해보니 지금까지는 그러려니 했던 지안이의 모든 행동 하나하나가 의문스럽기도 합니다. 정상적인 행동들도 문제 행동이 아닐까 걱정이 됩니다. 망치를 든 사람에게는 모든 것이 못으로 보이는 것처럼.

진단명보다 일상이 중요한 이유

상담을 하다 보면 진단명에 붙들려 어찌할 바 모르고 당황하는 부모들을 많이 봅니다. 검사 결과지가 모호하게 느껴져 결과지를 직접 가져와서 아이가 실제로 ADHD인지, 의사소통 장애인지, 약을 먹어야 하는 수준인지 묻기도 하고, 정확하게 어떤 진단을 받은 것인지 진단명 자체에 관심을 두는 부모도 많습니다. 수개월을 기다려 종합 심리 검사나 신경 심리 검사를 받아본 경험이 있다면 대부분 지안이 엄마와 같은 생각을 해봤을 겁니다. 하지만 부모의 죄책감과 당혹감은 아이에게 직접적인 도움이 되지 않습니다.

저는 그때마다 이렇게 말씀드립니다.

"부모님께 중요한 것은 아이가 어떤 진단을 받았느냐가 아니라 '어떻게 도움을 줄 수 있을까?'입니다. 진단명은 임상에서 아이의 상태를 통칭해 이야기하기 위해 사용하는 언어고, 실제 일상에서 부모들이 느끼는 아이의 행동은 모두 제각각입니다."

아이의 학교 적응을 돕는 방법

앞서 사냥꾼의 뇌를 가진 이 아이들은 학교에 적응하는 게 어렵다고 이야기했습니다. 그래서 진단받은 아이들에게 문제가 있다고 보는 것보다, 이 개성 강한 아이를 어떻게 수월하게 적응시킬 수 있는지에 대해 고민하는 것이 부모와 전문가가 가장 처음 해야 할 일입니다. 제일 중요한 것은 '적응adaptation'입니다.

실제로 의사와 심리학자들이 가장 심각하게 생각하는 것이 '적응 실패'입니다. 또래 아이들은 수월하게 하는 활동을 힘들어하거나, 다른 사람들의 이야기에 집중하지 못하고 돌아다니거나, 배우는 게 어려워 수업에 참여하기 어려워한다면 적응 실패의 한 예가 될 수 있습니다.

그렇기 때문에 소아 정신과 분야에서는 등교 거부를 사소한 행동이 아닌 응급 상황으로 분류합니다. 만일 초등학생이나 중학생 아이가 수개월 동안 등교가 힘들다고 호소하거나 등교를 하지 않는다면 정신과적 응급 상황으로 입원 치료를 해야 할 만큼 시급한 상황인 것이죠.

등교 거부는 친구들과의 관계가 악화됐거나 학업 성적이 떨어져 자존감이 손상됐을 때 일어나는 경우가 많은데, 이 경우 '시간이 지나면 괜찮아지겠거니' 생각하고 방치하기보다는 지능, 발달 등 종합 검사와 평가를 통해 필요한 도움을 빨리 주어 다시 사회로 나갈 수 있게 해줘야 합니다. 학교에 빠지는 시간이 길어질수록 다시 학교에 나가는 게 더 어려워집니다. 빈 시간에는 게임을 하거나 스마트폰에 더 몰입하는 경우가 많습니다. 긴 시간이 지나면 성인이 되어서도 사회생활 적응에 어려움을 겪을 가능성도 커집니다.

병원에 가면 아이에게 왠지 좋지 않은 진단이 내려질까 봐 두려울 수 있지만, 실질적인 도움을 주기 위해서는 확실하게 상황을 인식하는 게 중요합니다. 진단이 내려졌다는 것은 큰일이 났다는 게 아니라, '큰 틀'에서 도움을 주어야 할 방향성이 잡혔다는 것입니다. 즉, 병원이나 심리센터에서 검사를 받고 진단명이 내려졌다면, 부모에게는 그때부터가 시작입니다. 이를 위해 가장 중요한 것은 아이를 바라보는 부모의 관점 변화입니다. 진단명에 사로잡히면 문제 해결을 전적으로 전문 기관에 맡기고 의존하기 쉽습니다.

아이의 적응 문제를 해결하는 실질적인 방법은 일상에서 이뤄집니다. 아이는 병원 밖에서 훨씬 긴 시간을 보내고, 아이의 마음과 상태의 변화, 적합한 환경을 가장 잘 알고 이해하는 사람은 의사보다 부모이기 때문입니다. 결국 부모가 아이의 적응을 돕고, 문제를 해결하고, 아이가 가진 장점을 가장 잘 알아볼 수 있습니다.

부모의 불안이 아이에게 전달된다

정신과에서 증상 진단의 근거로 삼는《정신 장애 진단과 통계 편람The Diagnostic and Statistical Manual of Mental Disorder-5; DSM-5》에 따르면, 주의력 결핍이나 산만함은 '신경 발달 장애'로 분류합니다. 즉, 뇌 신경계 기능이 정상적으로 발달하지 못해서 집중하는 데 어려움을 겪는다는 의미입니다.

그런데 이러한 진단명으로 아이의 상태를 전부 설명하는 것은 불가능합니다. 신체적 병명은 A형 간염, B형 간염처럼 병명을 세분화하고 간 수치 및 기타 신체 정보를 숫자로 나타낼 수 있지만, '과잉 행동이 있다', '부주의하다' 같은 표현으로는 아이의 상태를 정확히 표현할 수 없습니다. 토마스 아헨바흐 등 많은 임상 연구자가 이 같은 진단상의 한계점을 보완하기 위해 연구하고 있지만, 실질적으로 범주형 진단이라는 방식에 모호한 부분이 있다는 점은 분명한 한계입니다.

예를 들어 동물을 괴롭히고 자주 싸우며 또래를 괴롭히는 일곱 살 아이와, 무단결석을 하고 도벽이 있는 열일곱 살 아이는 증상과 나이, 문제 행동의 행태가 다르지만 모두 '품행 장애'라는 동일한 DSM 코드를 받습니다. 의학적인 모델에 따라 같은 처치를 받아야 하지요.

따라서 진단명 하나로 아이를 완전히 이해하는 것은 어려운 일입니다. 실제 전문가들도 합의된 진단 체계를 적용하는 데 어려움을 겪고 있으니, 진단명은 단지 임상가들 사이에서 의사소통을 위한 도구로써 아이의 대략적인 특성을 표현할 때 사용되는 것이라 이해하면 편합니다.

하지만 많은 부모가 진단을 받고 나면 아이의 모든 행동을 그 진단명 안에서 바라보게 됩니다. 그러나 진단명에 아이를 가두고 부모가 불안한 눈으로 바라보는 것은 오히려 양육에 걸림돌이 됩니다. 또 부모의 불안은 아이에게 고스란히 전해져 부정적인 영향을 줍니다.

장애가 있는 아이를 치료한다는 생각에서, 개성 강한 아이의 적응을 돕는다는 생각으로의 전환이 필요한 이유입니다. 아이는 맞는 환경을 찾으면 능력을 인정받을 수 있습니다. 단지 그때까지 거쳐야 할 환경에 아이가 잘 적응할 수 있도록 부모가 돕는다고 생각해주세요. 기르기 힘들고, 학교생활에 문제도 있을 수 있지만, 아이에게 문제가 있는 것은 아닙니다.

아이의 발달에 불안을 느끼고 있다면 최근 떠오르고 있는 '다중 지능multiple intelligence'과 '신경 다양성'이 해주는 이야기에 귀 기울일 필요가 있습니다. 이 관점은 장애와 비장애, 정상과 비정상이라는 구별이 아닌 아이를 있는 그대로 이해하고, 아이의 행동상 특징에 맞는 양육 기준을 설정할 수 있도록 도와줍니다.

다양성의 눈으로 아이의 잠재력 발견하기

2000년대 중반 '다중 지능 검사'가 한국 사회를 휩쓸던 적이 있었습니다. 다중 지능이란 하버드대학 심리학과 교수인 하워드 가드너가 1980년대 이후에 새로 주창한 개념으로, 가드너는 시험과도 같은 지필 검사 형식의 지능 검사로 아이를 평가하는 것은 문제가 있다고 봤습니다. 기존 지능 검사로는 아이의 여러 잠재력 중 제한된 능력만 확인할 수 있을 뿐이고, 삶에서 필요한 다양한 지능을 확인하고 잠재력을 키우는 게 중요하다고 주장했습니다.

실제로 가드너가 개발한 다중 지능 검사는 음악 지능, 신체-운동 지능, 논리-수학 지능, 대인 관계 지능, 개인 이해 지능, 자연 이해 지능 등 여덟 개 영역의 70문항으로 구성되어 각자가 지닌 장단점을 두루 파악하도록 설계되어 있습니다. 이 검사를 통해 강점 지능과 약점 지능을 알 수 있어, 어떤 부분을 보완하고 어떤 부분을 더 강화하면 좋은지 평가할 수 있습니다.

예컨대 누군가는 음악 지능과 신체-운동 지능이 강점이지만 자연 이해, 논리-수학 지능은 상대적으로 약점일 수 있습니다. 이 경우 음악을 몸으로 표현하는 직업, 예컨대 체조나 무용이 잘 맞을 수 있습니다. 이렇게 다중 지능은 한 개인이 지닌 강점과 약점을 두루 살피는 도구가 될 수 있습니다. ADHD나 경계선 지능 진단을 받은 아이도 강점이 있습니다. 다중 지능 검사를 통해 아이의 다양한 강점을 발견하면 '진단명'이라는 틀 안에 갇히지 않을 수 있습니다.

실제로 하워드 가드너 교수는 《마음의 틀》이라는 책에서 영재에 대한 이야기뿐 아니라 사회성이 떨어지고 뇌 기능의 문제가 있지만 특정 영역(기억력, 퍼즐, 음악, 수학 등)에서 천재적인 소질을 보이는 서번트 증후군 아이들, 학습 장애 아이들이 지닌 뛰어난 잠재력에 관해 이야기합니다.

다중 지능 이론은 현재까지 다양하게 연구되고 있습니다. 특히 최근 들어 뇌과학이 발달하면서 뇌 영역마다 각각 다른 역할을 한다는 점이 밝혀지고 있는데, 다중 지능 이론이 이런 고유 기능을 더욱 잘 측정할 수 있어 더욱 주목받고 있습니다. 그리고 웩슬러 지능검사와 같은 지필 검사들에 비해, 그 결과가 실제 우리 상식에 더 부합한다는 장점이 있습니다.

예를 들어 대인 관계 지능과 신체-운동 지능에 강점을 가진 아이가 있다면, 이 아이는 해당 뇌 기능을 관장하는 두정엽이 활성화되어 있고, 수학이나 과학보다 체육에 더 뛰어난 역량을 보일 수 있다고 예측할 수 있습니다. 아이의 잠재력과 더불어 약점까지 더 직관적으로 알 수 있는 것입니다.

이러한 다중 지능 이론으로, 다양성에 대한 관심이 커지면서 최근 '신경 다양성'이라는 개념도 화두로 떠오르고 있습니다. 신경 다양성이라는 개념은, 1990년 호주의 사회학자 주디 싱어가 여러 질환의 특징을 하나로 묶거나 정의할 수 없다고 주장하면서 시작됐습니다. 신경 다양성 운동의 주요 목적은 정신적 장애를 질병으로 보지 말고 남들과 다른 긍정적인 측면을 보여줌으로써 균형을 맞추는 것입니다. 2010년 이후 자폐증과 ADHD, 난독증 등 다양한 질환과 관련된 단체들이 신경 다양성 운동에 합류하기도 했습니다.

하나의 이름으로 묶인 천차만별의 아이들

신경 다양성과 관련된 최초의 연구는, 자폐 스펙트럼 문제를 고민하던 부모와 학자들로부터 시작되었습니다. 실제로 신경 다양성 운동을 시작했던 주디 싱어 역시 고기능 자폐를 가지고 있습니다. 그런데 다양한 자폐증 증상을 '진단 기준'에 맞추어 구분하려고 하자 상당한 문제가 생겼습니다.

실제 부모들에게는 진단명보다 진단에 따라 아이를 어떻게 키워야 할지, 어떤 행동을 바로잡아줘야 할지 등에 대한 매뉴얼이 필요합니다. 그런데 중증 자폐 아이들과 고기능 자폐 아이들이 모두 같은 진단을 받게 되니 아이에 따라 어떻게 도와야 할지 혼란스러웠습니다. 더구나 통념과 달리 자폐 성향을 가진 아이들이 학업이나 특정한 분야에서 엄청난 성과를 거두면서, 하나의 진단명으로 다양한 아이들을 묶는 게 과연 올바른 일인지에 대한 의구심이 번지기 시작했습니다.

실제 자폐증 연구의 대가인 사이먼 배론 코헨 박사는 아스퍼거 증후군이나 고기능 자폐로 보이는 58명의 성인과 무작위 선별된 174명의 성인, 840명의 케임브리지 대학생, 16명의 수학 국제 경시 대회 우승자들을 집중적으로 분석했는데, 수학 국제 경시 대회 우승자들과 아스퍼거 증후군 성인들이 비슷한 증상을 가장 많이 보인다는 연구 결과를 발표했습니다. 이 같은 연구 결과는 아이가 자폐 진단을 받은 부모들의 시각을 바꿔주었고, 아스퍼거 증후군으로 진단받은 사람들 역시 적절한 교육을 받는다면 누구보다 탁월한 지적 성취를 보일 수 있다는 것을 확인시켜주었습니다.

더 나아가 코헨은 아스퍼거 증후군을 장애가 아닌 '차이'로 생각해야 한다고 주장했습니다. 대개 이런 특성을 가진 아이들은 쉬는 시간에 또래 친구들과 어울려 놀기보다 책상에 앉아 남들이 굳이 관심을 두지 않는 설계도를 들여다보거나 복합한 공식을 암기하는 데 시간을 쏟을 확률이 높습니다. 물론 이것이 사회성의 문제일 수는 있지만, 강점으로 작용할 수 있다는 것도 분명한 진실입니다.

앤디 워홀과 피카소도 장애가 있었다고?

　이제 광범위한 유전 질환의 복잡한 결과물로만 여기던 자폐 스펙트럼 장애군, 문제 행동만 강조되던 ADHD와 난독증을 겪는 아이들도 새로운 관점으로 봐야 한다는 주장이 설득력을 얻기 시작했습니다. 실제 이런 관점은 우리의 뇌 신경이 발달해가는 과정에서 예기치 못한 문제가 생기는 것을 '다양성'의 관점에서 받아들일 수 있도록 해줍니다.

　미국의 심리학자 엘렌 위너와 차차 본 카로이는 2003년 〈뇌와 언어〉라는 저널에 발표한 논문에서, 난독증을 앓는 사람들은 우뇌에 의지하는 시각-공간 과제에 오히려 뛰어난 능력을 발휘할 수 있고, 전체 맥락을 파악하는 데 탁월하다는 연구 결과를 발표했습니다. 즉, 난독증이 없는 사람은 숲보다 나무를 더 잘 보지만, 난독증을 앓는 사람은 숲을 잘 본다는 것입니다. 이러한 특성은 방사선 결과지 판독이나 천문학, 세포 현미경 관찰이 필요한 분야에서 큰 패턴을 찾아낼 때 탁월한 성과를 낼 수 있다고 합니다.

　실제로 화가 앤디 워홀이나 파블로 피카소는 난독증을 갖고 있었지만 그들이 시각적으로 일반적인 관점과 다른, 확장된 창의력을 펼칠 수 있다는 것을 보여주었습니다. 난독증을 갖고 있던 조각가 존 미술러는 떠오르는 이미지를 곧바로 조각할 수 있어서, 종이에 그리지 않고 조각하는 독특한 작업 방식을 가질 수 있었습니다.

그는 난독증을 일종의 선물로 여긴다며 자랑스럽게 인터뷰하기도 했습니다.

이런 다중 지능 이론은 신경 발달 장애 진단을 받고 소극적으로 생각하던 부모와 아이들에게 실질적인 근거를 바탕으로, 잠재력을 충분히 펼칠 수 있다고 말합니다. 그전까지 막연한 불안감 속에서 사회성이 떨어지는 아이를 지켜봐야 했던 부모들, 충동적이고 산만한 행동으로 늘 초조하게 학교에서 별일 없이 집으로 돌아오기를 바라던 부모들이 느껴온 무력감은 신경 다양성 앞에서 새로운 대안을 얻은 것입니다. 물론 그를 위한 적절한 교육과 양육기준도 필요합니다.

산만하거나 경계 선상에 놓인 ADHD 아이들, 특별한 도움이 필요한 아이들을 신경 다양성이라는 관점에서 어떻게 도울 수 있을지 구체적으로 고민해야 합니다. 산만한 아이가 가진 뇌 구조의 특성을 파악하고 그에 맞는 양육을 하는 것은 특별한 잠재력을 끌어내는 첫 단추이기 때문입니다.

생각이 많은 아이의 잠재력 보살피기

산만한 아이들이 가진 특별한 잠재력은 여러 모습으로 나타납니다.《나는 생각이 너무 많아》를 쓴 크리스텔 프티콜랭은 모든 인간을 '보통 사람'과 '생각이 많은 사람'으로 나눌 수 있다고 주장합니다. 그에 따르면 지구에 사는 사람 중 10~15% 정도가 '지나치게 생각이 많은 사람'입니다. 그런데 '생각이 많은 사람'은 보통 사람보다 신경 회로의 사고 처리 능력이 빠르기 때문에 두뇌 활동이 왕성해 머릿속에서 생각이 꼬리에 꼬리를 물고 끊임없이 이어집니다. 이 부류의 사람은 두뇌가 자신의 의지와 무관하게 시도 때도 없이 작동하기 때문에 의지를 갖고 집중력을 발휘하지 않으면 생각이 여러 갈래로 뻗어나가 어려움을 겪습니다. 프티콜랭은 이런 사람들을 '정신적 과잉 활동자surefficience mentale'라고 했습니다.

정신적 과잉 활동을 보이는 아이들은 창의적이고 명민하지만, 학습 지능이나 지구력은 상대적으로 떨어집니다. 그래서 입시나 긴 시간 계획이 필요한 일에서 뛰어난 성과를 내는 데 어려움을 겪을 수 있습니다. 두뇌 회전이 빠르기 때문에 몰두하는 힘이 부족해 지루함을 견디기 힘들어하기도 하고, 엉뚱한 이야기로 주변의 관심을 끌려다가 오히려 상처를 받기도 합니다. 부모라도 아이가 왜 그런 생각과 행동을 했는지 묻고 잘 들어주는 게 중요합니다. 그래야 아이를 이해할 수 있고, 아이에게는 자기 말에 귀 기울여주는 존재가 있다는 확신과 안정감을 줌으로써 자존감이 다치지 않기 때문입니다.

몰두하는 힘이 부족한 아이는 신경 회로가 조금 다른, 신경 다양성 아이입니다. 그 점을 오히려 강점으로 삼을 수 있도록 강화해줘야 합니다. 이런 아이에게는 흥미를 느끼는 주제를 부모가 지속해서 제공하는 것이 좋습니다. 아이의 두뇌는 쉼 없이 돌아가는 기계와 같습니다. 생각할 거리를 계속 집어넣어 주지 않으면 무의미한 일이나 게임 혹은 만화 등에 강박적으로 파고들 수 있습니다. 이러한 사고 습관이 반복되면 우울증이나 대인 관계 문제로 확장될 수 있으므로 생산적인 사고 습관을 배울 수 있도록 이끌어주어야 합니다. 또 운동을 시켜서 오히려 두뇌가 휴식을 취할 수 있도록 해야 합니다.

산만한 아이를 둔 부모 중에는 축구나 태권도처럼 움직임이 많은 활동을 하면 오히려 산만해질까 봐 독서나 학습 영상을 시청하게 하는 등 차분한 행동을 더 권하는 경우도 있습니다. 그래야 아이의 산만함이 개선될 수 있다고 생각하기 때문이지요. 하지만 에너지가 넘치는 아이가 실외 활동보다 실내 활동 비율이 현저히 높으면 아이의 두뇌는 '주의 피로 현상'을 겪을 수 있습니다. 이는 더욱 충동적인 행동과 산만한 행동으로 폭발합니다.

주의 피로 현상이란 집중력에 필요한 전두엽 내 신경 전달 물질이 일시적으로 고갈되는 현상입니다. 실내에서 제한적이고 반복적인 자극에만 노출되면 두뇌는 극심한 피로를 느끼고 주의력을 제대로 발휘하지 못하지요. 아이의 주의력 향상을 위해서는 주의 피로 경험을 자주 하지 않도록 적절하게 실외 활동을 할 수 있게 도와야 합니다.

이처럼 아이의 두뇌 활동 특성과 성향을 파악하면 충분히 지적 잠재력을 펼칠 수 있는 환경을 만들어줄 수 있습니다. 부모가 어떤 환경과 교육을 제공하느냐에 따라 아이는 다양한 잠재력을 발휘할 수 있다는 걸 기억해야 합니다.

정신적 과잉 활동을 보이는 아이들의 특징

정신적 과잉 활동을 보이는 아이들은 생각이 거미줄처럼 여러 갈래로 뻗어나가는 다각적 사고를 합니다. 반면 순차적이고 논리적으로 사고하는 것은 어려워합니다. 단순한 문제는 쉽게 지루해하고, 복잡한 문제를 해결했을 때 큰 정신적 희열을 느낍니다. 그래서 쉬운 문제는 틀리고 어려운 문제는 잘 맞히기도 하죠. 시도 때도 없는 질문 공세도 합니다. 그래서 결국 짜증을 내는 부모의 반응에 상처 입기도 하고, 자기는 재미있어서 친구들에게 알려주었는데 인정받지 못하고 놀림당해서 거부나 배제되는 것에 두려움이 클 수도 있습니다.

이런 아이들은 몽상가 기질이 강한 편입니다. 상상력이 정교하고 다채롭기 때문에 자신의 상상을 실제로 존재하는 것처럼 대할 때가 많습니다. 그래서 지루한 일에 직면했을 때 상상 속으로 도피하기도 합니다. 우주, 공룡, 만화, 역사 등에 깊이 심취할 수도 있습니다.

한편 우유부단합니다. 선택의 순간에서 모든 경우에 대한 답이 동시에 자동적으로 떠오르기 때문에 순간적인 결정을 내리는 데 어려움을 겪습니다. 쉽게 우울감이나 행복감을 느끼기도 합니다. 두뇌 작용이 빠르기 때문에 특정 기분을 가져다주는 사건에서 다른 사건으로 생각이 빠르게 번져나갑니다. 따라서 보통 사람보다 감정의 변화가 빠르고 감정도 기복이 심해 조울증으로 진단받는 경우도 있습니다.

2부

—

산만한 아이
위대하게 키우기

3장

아이의 잠재력을
키워주는 법

막연한 불안에서 벗어나
구체적인 상황 파악하기

사람들은 문제가 발생하면 그 원인을 찾기 위해 여러 가지 고민을 합니다. 중요한 것은 적절한 방법과 목표를 찾는 것인데, 거기에는 전략이 필요합니다. 그래야 시행착오를 최소화하고 효과적으로 목표에 도달할 수 있기 때문이지요. 미국 정보기관인 CIA는 어떤 문제가 발생하면 그 문제를 최대한 입체적으로 살피기 위해 '피닉스phoenix'라 이름 붙인 점검 과정을 거칩니다.

1. 이 문제를 왜 반드시 해결해야 하는가?

2. 이 문제를 해결하면 어떤 이익이 있는가?

3. 아직 우리가 알지 못하는 것은 무엇인가?

4. 어떤 정보가 있는가? 충분한 정보인가? 상충하는 정보인가?

5. 문제의 범위를 한정하라. 문제 범위에 속하지 않는 것은 무엇인가?

6. 문제를 구성하는 여러 가지 요소는 무엇인가? 그런 요소 간에 존재하는 관계를 찾아 설명하라.

7. 이 문제에서 바꿀 수 없는 것은 무엇인가? 뭔가가 실제로는 바뀔 수 있지만 바꾸지 못하는 경우는 생각하지 말자.

8. 이와 똑같은 문제일 수 있는 다른 경우는 없는가? 유추를 통해 같은 해결책을 이용할 수 있는가?

이러한 피닉스 사고 과정을 육아에도 적용할 수 있습니다. 지안이의 사례를 적용해보겠습니다.

1. 지안이의 충동성 문제를 왜 해결해야 하는가? 당시 상황에 한정된 것이고, 실제 수업 중에는 문제가 없을까?

2. 지안이의 충동성 문제를 해결하면 어떤 이익이 있을까? 부모는? 지안이는?

3. 아직 지안이에 대해 알지 못하는 부분이 더 있을까? 풀 배터리 검사 결과를 통해서 알게 된 ADHD 성향과 사회성 문제는 당장 치료받지 않으면 더 나빠질까?

4. 지안이의 충동 문제가 실제 충분하고 신뢰할 만한 정보에 의해 진단된 것일까? 다른 병원이나 심리센터에서 다시 검사를 받아야 할 필요도

있을까?

5. 지안이의 충동성 문제가 집에서도 심각한 문제였나? 학교에서는? 식당이나 놀이공원 등 야외 활동에서 더 불거지나? 충동성이 사라지는 장소도 있나?

6. 지안이의 충동성 문제가 놀이 치료와 사회성 치료를 통해 사라질 수 있다고 했는데 놀이 치료는 충동 문제에 어디까지 도움을 줄 수 있을까? 그리고 반드시 두 가지 치료를 동시에 하는 것이 도움이 될까? 아니면 상충할까?

7. 지안이 문제에 담임 선생님이 다소 민감하게 반응했는데 반을 옮기거나 전학까지 고려해야 하는 수준일까?

8. 친척이나 지인 중에 비슷한 증상을 보였지만 자라며 좋아진 사례가 있을까? 그 사람들은 어떤 과정을 경험했을까?

이처럼 두렵고 어려운 문제도 피닉스 과정을 통해 한 걸음 떨어져 보면, 그동안 눈에 띄지 않았거나 미처 의식하지 못했던 상황을 알아채는 데 도움을 얻을 수 있습니다. 모든 부모가 자식 문제에 있어서만큼은 냉정하고 객관적이기 어렵습니다. 그러므로 부모가 함께 질문을 적고, 문제를 다각도로 바라보고, 전문가의 도움을 받아 상황을 파악한 후 대책을 세우는 과정이 필요합니다.

소근육 발달을 적극적으로 도와주는 법

아이들에게 소근육이 중요하다는 것은 이제 많은 부모가 아는 상식이 되었습니다. 그래서 어린 시절부터 아이의 소근육을 발달시키기 위해서 여러 가지 놀이를 합니다. 영아들에게 밀가루나 점토 등을 만지게 해 촉각 발달을 돕는 촉각 놀이를 하기도 하지요. 어린 시절의 소근육 운동은 학령기에 접어든 아이에게도 큰 영향을 미칩니다. 아이들의 지각 능력, 쓰기 학습 등에 필수적 요소이기 때문입니다. 특히 글씨 쓰기 속도부터 글쓰기의 명료도 등 여러 활동에 영향을 미칩니다. 그래서 아이가 글을 느리게 쓴다면 소근육 협응이 잘 안 됐다고 볼 수도 있습니다. 이러한 점에서 글을 쓰는 속도가 느리다는 것은 단순히 '속도' 문제로 그치지 않습니다.

손글씨 쓰기의 다양한 효과

스마트폰과 PC의 보급으로 일상에서 '손글씨' 쓸 일이 현저하게 줄고 있습니다. 성인은 물론 어린아이들도 펜이나 노트보다 전자기기의 자판을 사용하는 것이 더 익숙할 정도입니다. 하지만 우리의 중추 신경 중 30%가 '손'의 움직임에 반응해 활성화되는데, 자판을 사용하면 손의 움직임이 제한될 수밖에 없습니다. 또 타이핑하는 동안 외부 환경에 더 많이 영향을 받아 산만해지기 쉬워 집중력도 떨어집니다. 실제 손으로 직접 글자를 쓸 때보다 오탈자가 더 많이 발생하는 것도 그 때문입니다.

반대로 직접 손글씨를 쓰면 소근육을 골고루 사용할 수 있습니다. 소근육을 많이 사용하면 운동, 감각, 언어, 기억 등 인지 기능이 향상됩니다. 그뿐 아니라 자판을 사용할 때보다 단어와 문장 자체에 더 집중하게 됩니다. 단어와 문장의 의미를 이해하려는 의식적인 노력이 들어가기 때문이죠. 이러한 과정은 두뇌에서 주의력을 담당하는 전두엽을 활성화해 집중력 향상에도 큰 도움을 줍니다.

이처럼 손글씨 쓰기는 아이들의 운동 협응 능력을 발달시키는 유익한 활동입니다. 따라서 똑똑하고 건강한 두뇌를 가진 아이로 성장시키고 싶다면 손글씨 쓰기를 습관화할 수 있도록 도와줘야 합니다. SNS 메시지에 익숙해진 아이들에게 특별한 날 손 편지나 카드를 써주고 답장을 달라고 하는 것도 좋은 방법입니다. 부모와 함께 직접 손으로 편지나 카드를 작성하고 꾸미면서 아이가 손글씨 쓰기에 재미를 붙일 수 있습니다.

아이가 연필 쥐는 걸 힘들어한다면

연필을 잡고 나머지 손가락을 반복해서 펼치는 경우

양말을 활용해서 손 전체 모양을 잡고, 엄지와 검지 위치에 맞게 구멍을 내주세요. 자른 구멍으로 엄지와 검지만 나오게 한 뒤, 연필을 쥐게 해서 손 모양을 익숙하게 만들어줍니다.

손가락 힘이 부족해서 연필이 미끄러지는 경우

바르게 연필을 쥘 수 있지만 힘이 없어서 연필이 미끄러지는 경우에는 고무로 된 교정기를 구입해서 연필에 끼워주거나, 연필에 고무줄을 감아서 마찰력을 올려주세요.

감각 통합 능력 발달의 적기를 이용하자

글 쓰는 속도가 느리면 학습 수행에도 어려움을 겪지만, 모둠 활동과 같은 수업에 참여하는 게 어려워져 아이 스스로 위축되기도 하고 또래 관계에서 문제가 발생할 수 있습니다. 사회성 문제나 부정적인 정서 경험을 반복적으로 하면서 이차적 문제도 발생할 수 있고요. 따라서 아이가 글쓰기 능력에 문제를 보이면 적절한 대처가 필요합니다.

글쓰기는 걸 어려워하는 아이들에게 감각 통합 활동은 도움이 됩니다. 감각 통합이란 한 번에 들어오는 시각, 청각 같은 감각 정보를 신체 내의 정보로 통합해 어떤 행동을 할지 계획 및 전략을 세운 후, 운동 명령을 내려 순서대로 근육을 움직여서 행동하는 것을 말합니다. 실제로 감각 통합 중재 적용이 아동의 글씨 쓰기 및 쓰기 과제 수행 기술 향상에 효과가 있었으며, 아동의 손 기능과 자세 조절 향상에 도움을 주었다는 연구 결과도 보고되었습니다.

감각 통합 능력은 8~10세 전후 아이들의 발달에서 가장 중요한 영역 중 하나입니다. 달리기처럼 큰 근육을 사용하는 대근육 운동과 젓가락 사용 같은 소근육 운동처럼, 우리 몸의 감각을 하나로 통합해 하나의 목표를 위해 움직이는 활동이 감각 통합 능력 발달을 촉진시키는 데 큰 도움이 됩니다. 따라서 방과 후 수업이나 학원을 고를 때 예체능 분야를 선택하면 전반적인 인지-운동 발달에 좋은 영향을 줍니다. 특히 미술 활동은 초등학교 저학년 시기에 상당히 좋습니다. 오리고 붙이고 종이를 접는 다양한 미술 활동이 소근육을 적절하게 제어하고 계획에 맞춰 움직이는 절차 기억을 강화시켜주기 때문에 전두엽, 소뇌와 해마 등 다양한 영역의 뇌 기능을 고루 사용하도록 자극합니다.

또한 피아노 같은 악기 연주 역시 정서 안정뿐 아니라 소근육 발달에 효과적입니다. 불안 수준이 높거나 기질적으로 민감한 아이의 경우 피아노 대신 첼로 같은 낮은음의 현악기를 배우면 정서 발달에 도움이 됩니다. 묵직하게 흐르는 첼로의 저음도 좋지만, 커다란 첼로를 두 팔로 감싸고 포근하게 안는 포즈가 정서적 안정감을 주어 음악 치료 효과처럼 민감한 기질의 아이를 편안하게 만들어줍니다. 부모 없이 새로운 환경에 적응해야 하는 상황에서 아이가 불안할까 봐 부모는 걱정하게 되지요. 백 마디 말보다 말없이 안아주는 한 번의 스킨십이 마음의 위안을 주듯, 첼로를 연주하기 위해 취하는 편안한 포즈만으로도 아이의 마음이 한결 안정적으로 변할 수 있습니다.

또한 주말을 이용해 아이와 줄넘기를 많이 해주기를 권합니다. 초등학교에서 줄넘기 능력이 차지하는 비중이 생각보다 높아서 많은 부모들이 줄넘기 학원을 보내기도 합니다. 특히 타이밍에 맞춰 점프하는 운동 협응 기능이 필수적으로 요구되는 활동이기 때문에 주말을 이용해 아이와 함께 줄넘기 연습 시간을 갖는 것이 좋습니다.

한편 뛰어놀기 좋아하는 에너지 넘치는 아이들은 차분히 앉아서 하는 정적인 활동보다는 태권도나 축구 같은 스포츠가 큰 도움이 됩니다. 축구, 야구 같은 그룹 스포츠는 규칙과 질서, 협동의 가치를 통해 사회성을 익히는 데 도움이 되기도 하고, 구기 종목의 경우 타이밍에 맞춰 몸을 움직이는 시각-운동 협응력 발달에 좋습니다. 특히 테니스, 탁구, 야구처럼 작은 공을 이용하는 운동의 경우 지속적인 시각 주의력과 순발력을 향상시켜 이후 학습의 효율을 올리는 데도 일정 부분 기여하는 것으로 알려져 있습니다.

소근육-시지각 발달을 위한 놀이

테니스공 인형에 밥 주기

테니스 공과 검은 콩, 커터칼, 유성 매직을 준비해주세요. 보호자는 아이의 쥐는 힘에 맞게 테니스공에 칼집을 냅니다. 테니스공에 눈과 코를 그려 얼굴을 만들어주면 역할놀이를 하듯 즐길 수 있습니다. 아이는 테니스공을 힘껏 눌러 입을 벌립니다. 벌려진 입 안에 검은콩이나 작은 구슬을 하나씩 집어넣습니다. 쥐는 힘이 강한 아이라면 칼집을 조금만 내서 최대한 힘을 쓰게 해주고, 쥐는 힘이 약한 아이라면 칼집을 길게 내어 작은 힘으로도 쉽게 입이 벌어지도록 만들어주세요.

마녀 손가락 놀이

10~15cm 길이의 마분지를 고깔 모양으로 말아서 아이 손가락에 끼워줍니다. 다양한 색상의 종이라면 아이가 더 좋아할 거예요. 고무로 된 얌체공 여러 개를 바닥에 두고 고깔을 끼운 손끝으로 잡

습니다. 공의 크기를 다양하게 하면 더욱 좋습니다. 고무 찰흙으로 다양한 모양을 만드는 것도 좋습니다. 정해진 시간 안에 고무공을 많이 집어서 통에 넣는 시합을 해보세요. 고깔을 손가락에 끼워 물건을 잡으면, 손가락에 자연스럽게 힘을 주게 되어 소근육을 발달시킬 수 있습니다.

생활습관을 근본적으로 바꿔주는
'제과 제빵 놀이'

오감을 활발하게 사용하고 능숙하게 통합하는 과제는 무엇일까요? 단연코 제과 제빵을 꼽습니다. 쉽게 지루해하고 산만해지는 아이들은 당장 결과가 나오는 작업에 잘 집중하는 편입니다. 그런 면에서 과자를 굽거나 빵을 만드는 일은 아이들에게 큰 만족감을 줄 수 있습니다. 자기가 노력한 결과가 빠르게 성과물로 나오고, 빵 반죽을 주물거리며 만드는 과정을 통해 아이의 심리적인 욕구 불만을 해소할 수도 있습니다. 음식이 주는 따뜻한 느낌, 달콤한 향기 같은 것이 아이의 마음을 풍족하게 만들고, 심리적으로 위안이 되는 것이지요. 누구나 제과점에서 향긋하게 풍겨오는 빵 내음에 행복해진 경험이 있을 겁니다.

베이킹을 해보면 알겠지만 쿠키나 빵을 만들 때 가장 중요한 점은 정해진 분량과 온도, 시간을 지키는 것입니다. 재료를 정량으로 계량해 정해진 순서대로 섞고 반죽해서 정확한 시간에 꺼내는 일련의 행동은 이전에 아이가 전혀 경험하지 못한 순서의 중요성을 배우는 순간이 됩니다.

충동성이 강한 아이가 반죽을 오븐에서 5분이라도 빨리 꺼내면 덜 익고, 늦게 꺼내면 타는 상황을 몸소 연습하는 시간입니다. 1분도 중요하다는 것을 체험하는 것은 생활 습관을 받아들이고, 시간의 중요성을 깨닫고, 생활 방식을 근본적으로 바꾸는 계기가 될 수 있습니다.

놀이의 과정도 중요하다

쿠키를 굽거나 요리하는 과정에서 아이들은 집중하는 법도 배웁니다. 정확하게 시간을 지키지 않으면 쿠키가 타거나 덜 익는 결과가 나오기 때문에, 아이들은 선생님이나 부모의 지시에 집중해야 합니다. 부모의 이야기대로 따라 하지 않으면 쿠키를 맛있게 만들지 못한다는 것을 스스로 깨닫는 것이 중요합니다. 그래야 부모의 말이 갖는 좋은 점을 아이도 인정하고, 주어진 규칙을 잘 지키면 좋은 보상이 생긴다는 것을 배울 수 있기 때문이지요.

제과 제빵의 또 다른 장점은 빵이나 쿠키를 만들어 친구들과 나누어 먹을 수 있다는 점입니다. 부모와 함께 넉넉하게 재료를 사서 쿠키와 빵을 굽고, 다음 날 친구들에게 나눠주면 따뜻하게 환영받는 경험을 하게 되지요. 타인에게 베풀고 감사 인사를 주고받는 과정은 소통에 어려움을 겪는 충동적인 아이들에게 사회적 관계를 맺는 기술을 배울 기회가 됩니다. 자기가 대장이 되거나 소리를 크게 지르지 않아도 자기 말에 친구들이 귀 기울여주는 경험을 하면 아이의 행동은 놀라울 정도로 달라질 수 있습니다. 특히나 자신이 한 행동이 환영받고, 자신을 가치 있는 존재로 바라보는 시선으로 인해 자존감도 향상될 수 있습니다.

순차적이고 논리적인 사고를 돕는 '다른 용도 생각하기'

정신적 과잉 활동 성향이 있는 아이들은 생각이 거미줄처럼 여러 갈래로 뻗어나가는 다각적 사고를 하는 특성이 있습니다. 반면 아이디어를 하나하나 직선적으로 늘어놓는, 순차적이고 논리적인 사고를 하는 데는 어려움을 겪습니다. 이런 성향을 활용해서 잠재된 강점을 활용할 수 있도록 가정에서 도움을 줄 수 있습니다.

문제를 해결하기 위한 생각 훈련

매일 주변에서 볼 수 있는 평범한 물건의 다른 용도를 생각해

보는 것은 아이의 호기심과 신경적 활동을 강화하는 좋은 방법입니다. 다음 목록에서 골라도 좋고, 방을 둘러보고 선택해도 좋습니다.

마우스 패드, 머리빗, 종이 클립, 빗자루, 벽돌, 냉장고 자석, 연필, 칼

일단 물건 하나를 고른 후에 종이 한 장을 준비해서 5분 동안 그 물건이 가진 특이한 용도를 가능한 한 많이 적어봅니다. 예를 들어 벽돌은 현관 계단, 화분 받침대, 신발 진흙 털이, 책장 등 여러 가지로 활용될 수 있겠지요. 이 과정은 확산적 사고를 관장하는 뇌 부분을 강화하는 데 도움을 줍니다.

확산적 사고란 심리학 용어로, 문제 해결 과정에서 정보를 광범위하게 탐색하고 상상력을 발휘해 미리 정해지지 않은 다양한 해결책을 모색하는 사고방식입니다. 이런 이름이 붙은 이유는 우리의 정신이 여러 방향으로 뻗어나가 답을 광범위하게 모색하기 때문입니다. 대부분 시험에서 측정하는 '수렴적 사고'와 반대 개념으로, 수렴적 사고란 주어진 문제 해결하기 위해 다양한 대안을 분석하고 평가하여 최종적으로 가장 적합한 문제를 선택해가는 사고방식입니다. 하지만 창의적인 사람들은 확산적 사고에 특히 능합니다.

일상에서 흔히 볼 수 있는 사물에 대해 충분히 생각했다면 그

다음에는 아이와 함께 다음과 같이 다소 추상적이고 엉뚱한 질문에 대해 고민해봅니다.

- ▶ 아무도 죽지 않고, 영원히 산다면 세상은 어떻게 달라질까?
- ▶ 세상에 다섯 가지 성별이 있다면 어떻게 달라질까?
- ▶ 잠을 사라지게 하는 약이 나온다면 세상은 어떻게 달라질까?
- ▶ 남자와 여자 모두 아기를 낳을 수 있으면 세상은 어떻게 달라질까?

여기서는 목록의 길이가 가장 중요합니다. 어떻게든 계속 써 내려가서 아이디어 목록을 최대한 길게 만드는 것을 목표로 아이와 시합을 해도 좋습니다.

4장

문제 행동에서
잠재력 키우기

자기중심적이고
제멋대로 행동하는 아이

"나도 어릴 때 그랬어, 놔두면 다 괜찮아져."

여섯 살 희준이의 엄마는 최근 남편과 아이 문제로 크게 다퉜습니다. 얼마 전 유치원 선생님께 걸려온 전화가 그 발단이었습니다. 희준이가 수업 시간에 매번 딴짓을 하고 친구들에게 심한 장난을 쳐 자주 싸운다는 내용이었습니다. 희준이 엄마는 아이가 다소 산만하고 장난이 심하다는 것을 알고 있었지만 유치원에서까지 문제를 일으키자 아이에게 문제가 있는 것은 아닌지 걱정됐습니다. 혹여 ADHD는 아닌지 상담이라도 받고자 남편에게 고민을 털어놨지만 남편은 "남자애들이 다 그렇지 뭐, 크면 다 괜찮아져"라는 말로 일관해 다툼이 벌어진 것입니다.

낄 데 끼고 빠질 때 빠지기 힘든 이유

게임이나 놀이를 할 때, 차례를 지키지 못하고 자주 끼어드는 아이들이 있습니다. 이런 행동 때문에 다른 아이들과 다툼이 일어나고 또래 관계에도 어려움을 겪지요. 이런 아이들은 대화할 때도 상대방의 말을 듣지 않고 자기 말만 하려는 경우가 많아서, 결국 다른 아이들과 어울리지 못하고 친구들과의 사이도 멀어집니다.

발달의 관점에서 만 3~4세는 세상의 중심이 '나'이고 세상이 나를 위해 존재하는 것처럼 느끼는 시기입니다. 바로 '자기중심성 egocentrism'을 보이는 시기라고 할 수 있지요. 이 시기 아이들은 다른 사람의 관점에서 상황을 파악하지 못합니다. 따라서 줄을 서는 등의 규칙을 지키는 것이 어려울 수 있습니다. 이 시기의 아이를 둔 부모라면 자연스럽게 그 상황을 넘길 수 있도록 돕는 게 좋습니다. 이는 질환이나 발달상의 문제가 아니기 때문입니다.

이러한 자기중심성은 사회화 경험을 통해 6~7세쯤에 사라집니다. 하지만 부모가 아이가 원하는 것을 전부 해주어 성장 과정에서 다른 사람의 관점을 이해할 기회나 차례를 기다리는 경험을 충분히 하지 못하면, 이런 행동이 더 오래 지속될 수 있습니다.

충동적이고 자기중심성이 강한 아이의 뇌 구조

희준이도 선생님이나 친구의 입장에서 상황을 파악하지 못하는 자기중심성 문제를 갖고 있다고 볼 수 있습니다. 두뇌 발달의 측면에서 보면 희준이의 행동은 충동 조절이 어렵거나 타인의 마음을 이해하는 공감 능력이 아직 발달하지 않아서 나타납니다. 충동을 조절하는 전두엽 기능이 떨어지거나 공감 능력에 영향을 주는 것으로 알려진 신경 네트워크인 '공감 신경 회로'의 발달이 늦으면 이런 모습을 보일 수 있지요.

우리 머릿속에는 다른 사람의 행동을 내 행동처럼 해석하는 아주 특별한 능력이 있습니다. 타인의 행동을 거울처럼 반영하는 신경 네트워크인 '거울 뉴런mirror neuron'이 존재하기 때문입니다.

1996년 이탈리아의 신경 과학자 자코모 리촐라티 교수 연구팀은 실험실 원숭이의 뇌에서 다른 원숭이의 움직임에 반응하는 뇌 세포(거울 뉴런)를 발견했습니다. 그리고 거울 뉴런이 단순히 행동을 따라 하는 것뿐 아니라, 인간에게 가장 필수적인 능력인 '공감하기', '의도 알아채기'와 깊은 관련이 있음을 알게 됩니다. 거울 뉴런은 우리가 영화를 볼 때 주인공의 입장에 깊이 감정 이입을 하도록 돕습니다. 또 오랫동안 같은 경험과 시간을 공유한 가족들이 비슷한 행동을 하도록 만들기도 합니다.

그런데 타인을 배려하고 공감하는 능력은 다른 사람의 관점을 조망하는 능력과 밀접한 관련이 있습니다. 즉, 주의력이 약한 아이들은 기본적인 공감 능력을 갖추고 있어도, 적절한 상황과 대상에 선택적으로 주의를 기울이지 못하여 타인을 배려하지 못할 수도 있습니다.

자기중심적인 아이 이렇게 도와주세요

1. 역할 놀이를 통해 사회적 감정 키우기

언어는 생각을 담는 그릇이기도 하지만, 감정을 담기도 합니다. 그중 하나가 정서 표현과 정서 이해입니다. 말을 하지 못하는 신생아들도 기쁨과 고통, 슬픔과 분노를 표현할 수 있고 돌이 지나 인지가 발달하면서 부끄러움, 자랑스러움 등 보다 고차원적인 감정을 알게 됩니다. 그런데 산만함으로 인해 어려움을 겪는 아이들 가운데 상당수는 낯선 상황에서 느끼는 감정을 표현하기 힘들어하는 경우가 많습니다. 그러다 보니 공포나 슬픔, 기쁨처럼 누가 가르쳐주지 않아도 스스로 잘 알아차릴 수 있는 단순한 감정에만 유독 민감하게 반응하기도 합니다.

부끄러움, 자랑스러움 등은 '사회적 감정'으로 학습이 필요한 감정입니다. 예컨대 남들 앞에서 함부로 성기를 만지는 것이 '부끄러운' 행동이라는 것을 알려주기 위해서는 사회적 상황을 이해시키는 것이 선행되어야 하는 것처럼, 사회적 감정의 기준은 타고나는 것이 아니기 때문에 그에 대한 이해가 떨어지는 경우라면 명확한 언어로 사회적 상황을 정리해줄 필요가 있습니다.

아이와 함께 만화를 볼 때 주인공이 아닌 주변 인물들의 감정이 어떨지에 대해 이야기를 나누고, 역할 놀이를 해보세요. 입장을 바꿔 생각하는 연습을 통해 아이는 다른 사람 관점에서 상황을 이해할 수 있게 됩니다. 이야기를 나누는 게 어렵다면 부모나 형제자매와 함께 단체 줄넘기 같은 협동 놀이를 하는 것도 좋습니다. 나만 잘한다고 되는 것이 아니고, 함께해야 계속할 수 있다는 것을 일깨워주세요. 대인 관계 향상을 위해 다음과 같은 책을 추천합니다. 부모가 읽고 느낀 점을 아이에게 말해주세요.

- ▸ 《타인보다 더 민감한 사람》, 일레인 아론
- ▸ 《꾸뻬 씨의 우정 여행》, 프랑수아 를로드
- ▸ 《작은 철학자》, 박완서

2. 복합감정을 이해하도록 도와주세요

복합감정이란 한순간에 둘 이상의 정서를 느끼는 것입니다. 예컨대 시원섭섭하다, 달콤쌉싸름하다, 불안초조하다 등 하나 이상의 감정이 동일한 상황에서 '동시에' 나타날 수 있다는 것을 이해하면서 느껴지는 감정입니다. 초등학교 입학 전후의 아이들은 이러한 복합감정을 이해할 수 있는데, ADHD 성향이 있는 아이들은 이중감정을 이해하기 힘들어해, 본의 아니게 이기적인 아이로 오해받거나 사회성이 떨어지는 아이로 낙인 찍히기도 합니다. 그래서 늘 아이는 "엄마 나 억울해"라는 말을 달고 살기도 하지요. 자기 감정을 표현할 수 있는 적절한 어휘를 찾아내지 못하면 아이는 '당황한 상태'를 '화난 상태'로 잘못 표현할 수 있고, 상황에 맞지 않는 행동을 하게 될 수 있습니다. 따라서 아이가 어떤 문제를 겪을 때는 반드시 부모가 왜 그런 느낌을 받았는지 아이에게 확인하고, 상황에 맞는 표현으로 다시 정정해주어야 합니다.

복합감정에 대해 충분히 알게 되면 부모가 새로운 친구나 이웃에게 먼저 다가가 인사하는 것을 도와주세요. 아이가 부모의 말투와 표정, 대화를 듣고 친구를 사귀는 기술을 배웁니다. 의외로 많은 아이가 처음 보는 친구와 어른을 어떻게 대할지 몰라 실수합니다.

3. 사회적 정서 이해하기

다른 사람의 마음을 이해하고 해석하는 능력은 4~5세부터 본격적으로 발달합니다. 이 시기 아이들은 다른 사람의 움직임을 보는 것만으로도 화가 난 건지, 행복한 건지 정확하게 추론할 수 있습니다. 그리고 6~9세가 되면 한 사람이 동시에 한 가지 이상의 정서, 예를 들어 흥분하는 동시에 경계심을 갖는 상황을 이해할 수 있게 됩니다. 그리고 이런 사회적 정서를 해석하기 위해서는 표정,

행동, 상황적 단서를 통합하는 능력이 필요하므로 눈치가 조금 부족하다고 느껴지는 아이라면 다음 세 가지를 체크해주세요. 이를 판단하면 아이를 이해하고 이끄는 데 도움이 됩니다.

- 표정을 적절하게/과도하게 읽고 반응하는지
- 다른 사람의 행동을 민감하게/무신경하게 받아들이는지
- 상황에 대한 판단을 객관적/주관적으로 하는지

충동적으로 행동하고
제어가 안 되는 아이

아무리 말려도 아이가 위험한 곳에 올라가 뛰어내리거나, 친구들을 심하게 놀리는 등 충동적으로 행동하는 경우가 있습니다. 이는 과제 수행을 할 때 주어지는 주변의 다양한 자극에 대한 충동을 아이가 억제하지 못해 나타나는 문제입니다. 충동적인 아이들이 보이는 증상은 모두 전두엽 기능 문제로 귀결됩니다. 반복적인 충동 억제 훈련을 통해 충분히 개선될 수 있다는 믿음으로 인내심을 갖고 적극적으로 노력한다면 아이가 겪는 다양한 어려움을 줄여 나갈 수 있습니다.

장난꾸러기와 충동적인 아이의 차이점

충동 억제가 어려운 아이들은 장난꾸러기 아이들과 유사해 보이지만 큰 차이가 있습니다. 아이 행동에 문제가 있다는 말을 들었거나 아이가 ADHD는 아닌지 고민된다면 다음의 두 가지 관점에서 아이를 자세히 관찰해보세요.

첫째. 주변 자극에 이끌리는가?

단순히 산만한 것이 아니라 '주변 자극'을 억제하지 못할 때가 있습니다. 막무가내로 행동하거나 자기중심적으로 행동하는 아이들의 가장 큰 특징은 주변 자극에 큰 영향을 받는다는 점입니다. 그 이유는 전두엽에서 주의력과 통제력을 담당하는 도파민 수용체가 작동하는 방식이 다르기 때문입니다.

여기서 주의력이란 특정한 일을 수행할 때 주변의 다른 정보에 대한 자극을 억제하는 능력입니다. 쉽게 말해 지하철에서 책을 읽을 때 본문의 특정 시각적 자극에 집중하기 위해 주변의 말소리, 다른 사람의 행동 등에 대한 자극을 차단하고 유지하는 능력입니다. 이때 주의력이 현저히 떨어지는 아이들은 한시도 가만히 있지 못하고 끊임없이 움직입니다. 주변에서 들어오는 자극을 억제하지 못하고 모든 자극에 쉽게 반응하는 것이지요.

이런 아이들은 한 가지 일에 대한 관심이 5분은커녕 단 30초도 지속하지 못하는 경우가 많습니다. 주변 정보에 대한 자극을 제대로 억제하지 못하다 보니 학습이나 과제 수행을 할 때 어려움이 많으며, 걷다가 쉽게 넘어지거나 컵이나 물건을 떨어뜨리는 실수도 자주 합니다.

둘째. 사회성이 높은가 낮은가?

충동성이 강한 아이는 사회성이 크게 떨어집니다. 장난꾸러기 아이들도 다른 아이들이 보이는 행동에서 적절한 단서를 찾아내 내가 지금 하는 행동에 대한 반응을 살피게 마련입니다. 반면 막무가내로 충동성이 강한 아이들은 주변의 반응을 알아채지 못하고 자기주장만 반복하기 쉽습니다.

쉬운 예로 충동성이 강한 아이들은 시각 주의력과 청각 주의력이 모두 떨어져, 친구들이나 선생님의 말씀을 경청하지 못하기 때문에 사소한 오해나 충돌을 자주 경험합니다. 그런데 정작 아이는 억울한 마음이 들어서 자꾸만 주변 친구들과 적대적으로 싸우고 결국 친구들 사이에서 고립되고 맙니다.

또 충동성이 강한 아이는 생각나는 대로 말하고 행동하는 경향이 강해 또래 친구들과 다툼도 잦습니다. 적극적이고 활동적인 장난꾸러기 아이들이 친구들을 우르르 몰고 다니는 골목대장 역할을 하는 경우와는 대조적인 현상이지요.

문제를 문제로 여기지 못하는 부모들

아이의 문제 행동이 지속해서 두드러져도 정작 부모가 그 심각성을 알지 못하는 경우도 많습니다. 오랜 시간 아이와 함께하다 보니 아이 행동에 대해 객관성을 갖기 힘들기 때문입니다. 아이와 친구들의 문제가 반복되고, 반복적으로 주변 자극에 쉽게 영향을 받는다면 반드시 아이에게 상황을 객관적으로 정리해 알기 쉽게 설명해주는 과정이 필요합니다.

제때 적절한 방법으로 양육하지 못하면 청소년기나 성인이 될 때까지 이러한 문제가 이어질 수 있습니다. 그러다 보면 학습 부진, 우울증 같은 기분 장애 등 2차 질환까지 감당해야 하는 상황에 처할 수도 있습니다. 따라서 아이의 행동을 부모가 주관적으로 판단하는 자세는 지양해야 합니다.

아이 스스로 충동을 억제해보는 경험을 반복해봐야 합니다. 우리의 두뇌는 반복적 경험을 통해 학습 과정을 거치면 기능이 향상되기 때문입니다. 이를 위해서는 크게 두 가지 방법이 도움이 될 수 있습니다.

충동적인 아이 이렇게 도와주세요

1. 주의를 집중했을 때 보상해주세요

일상에서 아이가 주의력을 유지할 수 있는 시간을 체크해보고, 주의 집중을 유지했을 때 뇌에서 보상을 담당하는 도파민이 나올 수 있도록 꼭 안아주거나 달콤한 초콜릿을 주세요. 과제를 성공적으로 수행하면 이후 더 오래 주의력을 유지해야 하는 과제를 설정해봅니다. 보상 경험에 의해 아이가 스스로 충동을 억제하고 집중력을 발휘하는 경험을 제공하는 훈련입니다.

2. 이야기를 많이 들려주세요

자기중심성이 강하고 충동 억제가 힘든 아이에게 이야기를 많이 들려주세요. 이야기는 상황을 이해하고, 인물의 마음을 이해하는 데 도움을 줍니다. 매일 책을 읽어도 좋고, 텔레비전에서 나오는 애니메이션을 활용해서 등장인물들이 처한 상황에 대해 대화를 나누는 것도 좋습니다.

3. 아이가 잘못한 상황이어도 일단 들어주세요

누가 봐도 분명 아이가 잘못한 상황에서도 절대 먼저 혼내지 말아주세요. 반드시 아이의 눈을 마주 보고 왜 그런 행동을 했는지 이유를 묻고, 빤한 이야기라고 해도 일단은 들어주어야 합니다. 충동 억제가 어려운 아이들은 '듣고 싶은 것만 듣는' 모습을 보이기 쉽고, 늘 자신이 이해받지 못해 억울하다고 생각합니다. 그러다 보면 커서 억울하거나 답답한 상황에서 폭발하는 것이 습관이 될 수도 있습니다.

아이는 부모의 거울이라는 말이 있습니다. 아이의 말을 듣지 않고 선생님의 말씀만 믿고 아이를 혼내는 것은, 결국 부모도 듣고 싶은 것만 듣고 믿고 싶은 것만 믿는 모습을 보이는 것일 뿐입니다. 훈육은 감정 조절 능력을 바로잡기 위한 것이지, 아이의 일거수일투족을 통제하기 위한 것이 아닙니다.

맨날 여기저기 다치는
둔한 아이

일곱 살 민석이 엄마는 최근 태권도 학원 선생님께 아이가 친구들과의 어울림을 피한다는 말을 듣고 너무 놀랐습니다. 민석이가 운동 신경이 부족하다는 것을 스스로 알아채고 친구들과 어울림을 피한다는 것이었습니다. 민석이 엄마는 아이가 배드민턴을 칠 때 공을 전혀 맞히지 못하는 것을 보고 '민석이가 운동을 잘 못 하는구나'라는 생각은 했지만, 그런 점이 아이의 친구 관계에까지 영향을 미칠 것이라고는 생각하지 못했습니다. 어떻게 민석이를 도울 수 있을까요?

운동 신경이 부족해 보이는 아이들이 있습니다. 하지만 운동을 못 하는 것은 문제라고 판단하기보다 성향 차이로 여기고는 하지요. 물론 아이에 따라 운동 능력이 다르므로 운동을 잘하는 아이도 있고, 운동을 조금 못 하는 아이도 있습니다. 하지만 아이마다 운동을 잘 못 하는 이유가 다르므로 세심히 관찰할 필요가 있습니다.

운동 못하는 아이, 단순히 운동 신경 탓일까?

일반적으로 아이의 운동 능력이 부족하다고 느끼는 부모는 대부분 아이의 신체 '반응 속도' 즉, 운동 신경이 떨어진다고 생각합니다. 운동 상황에 대처할 때는 '지각-인지-반응'의 세 가지 단계를 거치는데, 이 중 반응 단계를 잘 수행하지 못한다고 생각하는 것이죠. 이처럼 반응 속도의 문제라면 꾸준한 연습을 통해 반응 속도를 높일 수 있지만, 반응 속도의 문제가 아니라면 연습이 아닌 다른 방법으로 접근해야 합니다.

먼저 앞에서 말한 세 단계인 지각-인지-반응의 단계 중 지각에서 인지로 넘어가는 속도에 문제가 있을 수 있습니다. 신체 반응 속도는 문제가 없지만 상황을 지각하고 인지하는 데 시간이 오래 걸려 운동 능력을 제때 발휘하지 못하는 것입니다. 이런 경우 '운동 협응 능력'이 부족한 것으로 판단합니다.

운동 능력이 부족한 경우

1. 공이 날아온다.

2. 잡아야 한다는 것을 인지한다.

3. 잡으려 했지만, 운동 신경이 떨어져 잡지 못했다.

운동 협응 능력이 부족한 경우

1. 공이 날아온다.

2. 잡아야 한다는 시각-운동 정보 처리 속도가 늦다.

3. 타이밍이 늦어 공을 잡지 못했다.

두 경우 모두 공을 잡지 못했다는 결과는 같지만, 공을 잡지 못한 '원인'은 다릅니다. 여기서 중요한 것이 바로 두정엽과 소뇌의 협업, 즉 운동 협응 능력입니다. 운동 협응 능력이 부족한 것은 시지각visual perception 능력에 문제가 있거나 두정엽의 기능 저하 때문인 경우가 많습니다. 운동 감각 기능과 감각 통합 능력, 공간 인식을 담당하는 두정엽의 기능이 떨어지면 눈에 들어온 정보를 어떻게 처리해야 할지 판단이 느려지기 때문입니다.

캐나다의 신경외과 의사 와일더 펜필드는 살아 있는 사람의 뇌를 연구하여, 대뇌 두정엽이 우리의 신체와 하나씩 대응한다는 것을 발견했습니다. 그리고 그는 두정엽의 각 부분과 대응되는 신체 부위를 표기한 신체 지도를 만들었습니다.

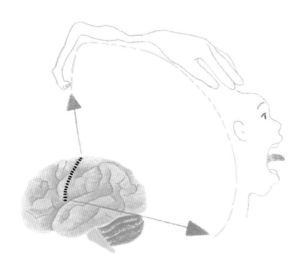

▲ 두정엽과 신체 지도

　운동 능력은 정수리를 중심으로 퍼져 있는 두정엽이 담당합니다. 두정엽에서 몸으로의 모든 명령이 이루어지고, 복잡한 운동이 순서에 맞게 조율됩니다. 우리 몸의 모든 부분은 두정엽에 있는 '체성 감각'과 하나씩 매치되어, 오감을 통해 받아들인 정보를 다시 신체 운동으로 바꿉니다. 그림에서 보면 손과 얼굴에 해당하는 영역이 가장 넓고, 발이나 허리, 엉덩이에 해당하는 영역은 상대적으로 좁습니다. 자주 사용하거나 감각이 민감한 혀나 손, 얼굴 등은 뇌에서 해당하는 체성 감각 영역이 더 넓은 것입니다.

　민석이가 겪는 어려움은 이러한 두정엽과 소뇌의 운동 협응 능력 저하에서 비롯된 것일 수도 있습니다. 따라서 단순히 운동 신경의 문제가 아니라 운동 협응 능력의 문제인지 확인하려면 평소 아이의 상태를 자세히 살펴봐야 합니다. 가령 아이가 공놀이할 때 어색한 움직임을 반복하거나, 공의 움직임 자체를 제대로 파악하지 못한다는 생각이 들면 운동 협응 능력 부족을 의심할 수 있습니다.

몸 쓰는 연습이 필요한 이유

아이가 단순히 운동을 못 하는 게 아니라 운동 협응 능력, 즉 인지 능력 자체에 이상이 있다면 개선해야 합니다. 일상에서 생길 수 있는 크고 작은 사고나 여러 위험에 노출됐을 때, 대처에 어려움을 겪을 수 있기 때문입니다. 또 학령기를 거치면서 진행되는 다양한 학습 활동에 효율을 떨어뜨리는 요인이 될 수도 있습니다.

그렇다면 운동 협응 능력을 향상시키기 위해 어떻게 해야 할까요? 무엇보다 몸을 활용한 운동을 꾸준히 하는 것이 중요합니다. 가장 기본적인 것은 달리기입니다. 또 공을 활용한 운동도 좋습니다. 이러한 운동은 '타이밍'이 매우 중요한데, 인지된 상황과 신체 타이밍을 맞추는 훈련을 통해 떨어진 두뇌 기능을 각성시키고 신체의 이상적인 행동 리듬을 자연스럽게 습득하기에 좋습니다.

운동 잘 못 하는 아이 이렇게 도와주세요

1. 훌라후프 하기

매일 저녁을 먹고 난 뒤 훌라후프를 해보세요. 빙글빙글 돌아가는 커다란 훌라후프를 떨어뜨리지 않기 위해서는 몸의 조정 능력, 타이밍, 리듬감 등 다양한 요소가 필요합니다. 소화를 도울 겸 훌라후프를 주기적으로 하는 것도 아이의 운동 협응 능력에 큰 도움을 줄 수 있습니다.

2. 타악기 연주

아이가 좋아하는 노래에 맞춰 타악기를 연주합니다. 캐스터네츠, 탬버린, 트라이앵글 같은 간단한 타악기를 박자에 맞춰 쳐보세요. 박자 개념을 익히고 몸으로 연주하는 것은 뇌 영역을 활성화하는 데 도움을 줍니다.

3. 팬터마임 연기

팬터마임 연기를 함께해보세요. 식탁에 앉아 실제로 물을 따라 마시듯이 손가락과 손의 미세 근육, 큰 근육의 움직임을 고루 사용하고 적절하게 손가락을 벌리는 등 마임 연기를 하면서 아이의 고유 수용체 감각을 발달시켜줍니다.

게임 중독이
심한 아이

"아이가 하루 종일 게임만 하려고 해요"

아홉 살 수훈이 엄마는 시도 때도 없이 부모의 스마트폰을 붙잡고 게임에 빠져 지내는 아이 때문에 걱정입니다. 게임을 못 하게 하면 크게 화를 내거나 떼를 쓰는 바람에 엄마와 갈등을 겪는 일도 잦습니다. 어릴 때부터 스마트폰을 손쉽게 다루는 모습이 신기해 마냥 놔뒀는데 혹여 그게 화근이 된 것은 아닌지 자책감이 듭니다.

시켜도 걱정, 몰라도 걱정인 게임

아이들이 비디오 형식의 게임을 쉽게 접하게 되면서 게임 중독 문제로 고민하는 부모가 많습니다. 학교에서 다른 아이들이 모두 게임을 하는 걸 뻔히 아는 상황에서 무작정 게임을 못 하게 하는 것도 힘들고, 아이들과 어울리기 위해서 어느 정도는 해야 하는 것 아닌가 싶은 생각도 듭니다. 한편 무심코 들여다본 게임 화면에서 폭력적이거나 자극적인 장면을 보면 깜짝 놀라 바로 스마트폰을 빼앗으며 아이를 나무란 적도 많을 테지요. 이처럼 게임은 아이의 일상에 깊이 자리 잡고 있지만, 부모는 여전히 마음의 갈피를 잡기 어렵습니다.

아이가 게임에 중독되면 학습이나 교우 관계 등 다른 분야에 흥미가 떨어지는 것뿐만 아니라 두뇌 발달에도 악영향을 받을 수 있습니다. 게임이 주는 강한 자극에 장기간 노출되면 아이의 두뇌는 일종의 '혹사'를 당하고, 성장에 방해받기 때문입니다. 특히 충동을 조절하기 어려운 아이일수록 게임이 주는 자극에만 집중하고 지루한 공부는 뒷전으로 할 가능성이 또래에 비해 훨씬 큽니다. 따라서 아이가 자극적인 게임에 깊게 빠지지 않도록 부모의 전략적인 지도가 필요합니다.

아이들은 왜 게임에 빠질까?

아이들의 게임 지도를 위해서는 먼저 왜 아이들이 게임에 빠지는지 알아야 합니다. 게임의 중독 요인을 알아야 효과적으로 지도할 수 있기 때문입니다. 게임의 중독성은 다음 다섯 가지 요인을 기준으로 확인할 수 있습니다.

1. 스토리 전개 요인

게임을 수행하며 전개되는 내용은 영화나 만화만큼 흥미롭게 구성되어 있습니다. 다음 단계의 상황과 전개를 계속 궁금하도록 구성되어 있어서 아이들이 쉽게 자제하기 어렵습니다. 이런 게임은 시작과 끝이 분명하지 않은 경우도 많습니다.

특히 '시뮬레이션' 장르로 불리는 게임들은 주인공 캐릭터에 감정적으로 이입하도록 설정되어 있고, 게임을 켜는 순간 이전의 스토리가 그대로 이어지는 구조여서 게임의 시작과 끝이 불분명합니다. 그래서 아이 스스로 게임 시간을 통제하는 데 심각한 어려움을 겪고, 실제 초등학교 고학년부터 성인까지 중독되는 경우가 많습니다.

2. 감각적이고 화려한 비주얼

게임 화면은 일상에서 접하는 자연스러운 환경에 비해 두뇌에 훨씬 강한 자극으로 다가옵니다. 밥만 먹던 아이들이 자극적인 인스턴트 음식이나 군것질거리를 접하면 계속 먹고 싶어 하는 것과 같이 자극도 마찬가지입니다. 이런 게임은 보통 '롤플레잉', '액션' 장르로, 직접 아이가 하는 게임을 검색해보면 어떤 장르인지 확인할 수 있습니다. 주로 초등학생들이 화려한 화면, 자극적인 충격음에 쉽게 빠지는데, 자칫하면 강한 자극으로 인해 경련이나 심한 경우 틱 증상을 유발할 수도 있으니 각별한 주의가 필요합니다.

3. 도박성

게임의 다음 단계로 넘어가기 어려울 때는 현금 결제, 요즘 말로 '현질(문화상품권이나 휴대폰 결제 등으로 과금을 하여 게임 아이템을 사는 행위)'을 통해 쉽게 다음 단계로 넘어갈 수 있습니다. 게임에 과몰입한 아이들은 실제 학교생활에 어려움을 겪거나 자존감이 떨어져 있는 경우가 많습니다. 그래서 게임 캐릭터를 통해 심리적 보상을 얻고 싶어 하는데, 이 경우 현금 결제의 유혹에 더욱 취약할 수밖에 없습니다. 특히 현금 결제를 통해서 남들이 갖지 못한 아이템을 캐릭터에 장착하면 채팅창에서 치켜세워주기도 하고 다양한 긍정적 반응을 얻기 때문에 뒷감당은 미처 생각하지 못한 채 수단과 방법을 가리지 않고 현금 결제를 하는 아이들이 많습니다.

4. 긴장감과 현장감

게임이 주는 극도의 현장감과 긴장감이 아이를 게임에 빠지게 합니다. 특히 이런 현상은 'FPS First Person Shooting game'이라고 하는 일인칭 시점으로 전개되는 게임에서 두드러집니다. 일인칭 시점 게임에서 아이는 게임 상황을 자신의 경험과 동일시하게 되는데, 손쉽게 자극적인 경험을 할 수 있다는 쾌감이 아이의 마음을 사로잡습니다. 최근 아이들이 많이 하는 '배틀그라운드'나 '오버워치' 같은 게임이 대표적인데, 두 게임 모두 선정성과 자극성 때문에 연령 제한이 있기 때문에 아이들이 게임에 빠져 있다면 전문가에게 상담을 요청하는 게 좋습니다.

5. 연대감

여러 사람이 함께 접속해 연대감을 느끼게 하는 대규모 동시 접속 롤플레잉 게임 Massive Multiplayer Online Role Playing Game; MMORPG의 특성에서 오는 과몰입도 있습니다. 수많은 사람과 동시에 접속해서 실시간으로 이야기를 나누며 게임을 하기 때문에 게임 자체는 물론 대화에도 몰입하게 됩니다.

특히 이런 게임은 '길드(게임 구성원들끼리 같은 편이 되어서 합동 작전을 펼치는 것)'를 구성해서 동시에 게임을 진행하기 때문에, 중·고등학생 아이들의 경우 학교보다 길드에 더 큰 소속감을 느낄 정도입니다. 이런 요인을 고려하지 않고 무조건 게임을 못 하게 하면 아이 입장에서 부모나 선생님은 친구에게서 자기를 떼어놓으려는 존재로 비춰질 수밖에 없습니다.

게임에도 긍정성은 있다

게임에 중독되면 아이의 두뇌 발달과 일상에 안 좋은 영향을 줄 수도 있지만, 게임 자체가 나쁜 것만은 아닙니다. 적절히 절제하면 아이의 공간 지각 능력이나 주의력 향상에 도움을 줄 수 있습니다. 블록을 이용해 건축물을 만들거나 광활한 세계를 모험하는 게임인 '마인크래프트'는 공간 지각 능력과 창의성 발달을 돕는다하여 스웨덴 초등학교에서는 정규 수업에 사용하고 있습니다.

산만한 아이는 다양한 자극에 집착하는 경향이 있습니다. 따라서 게임이나 미디어를 통제하기 어려울 수 있지만, 오히려 미디어 프로그램을 통해 고도의 집중력을 유지하고 창의적으로 활용하는 잠재력을 가지고 있을 수 있습니다. 아이가 산만하다고 해서 미디어 노출을 걱정하며 학습을 말리기보다 아이의 특성을 강점으로 삼아 좀 더 생산적인 결과를 낼 수 있도록 지원해주는 것도 좋은 방법입니다.

아이의 창의성을 마음껏 발휘할 수 있는 컴퓨터 프로그래밍은 매력적인 도구로, 프로그래밍을 배우기 위해서는 자연스럽게 수학적 사고나 논리적 추론을 해야 합니다. 그래서 프로그래밍을 배우다 보면 학교에서의 수업 성취도도 동반 상승할 수 있습니다. 최근에는 초등 3~4학년 때부터 컴퓨터 언어를 가르치는 프로그래밍 학원도 많습니다.

중요한 것은 훈육자의 올바른 지도와 개입입니다. 게임뿐 아니라 아이들이 어린 시절에 마주하는 다양한 자극은 훈육자의 올바른 지도와 개입 여부에 따라 약이 될 수도, 독이 될 수도 있다는 사실을 꼭 기억하기 바랍니다.

게임에 빠진 아이 이렇게 도와주세요

1. 만 4세 이전에는 철저히 자제시키세요

만 4세 이전의 아이는 게임에 노출되지 않도록 철저히 자제시켜주세요. 4세 이전에는 충동을 조절하고 억제하는 전두엽이 아직다 발달하지 못한 시기인데, 이 시기에 자극적인 게임에 자주 노출되면 성장하면서 게임에 중독될 가능성이 더 높습니다. 많은 부모가 게임을 못 하게 하면 아이가 자지러지게 울거나 화내는 상황을 걱정하는데, 일주일 정도만 참으세요. 이 시기의 아이들은 자연스럽게 재미있는 놀이 대상을 다시 찾아내기 때문에 시간이 지나면 괜찮아집니다.

2. 어떤 게임을 하는지 살펴보세요

아이가 어느 정도 성장하면 게임을 완전히 자제시키는 것이 무리일 수 있습니다. 이럴 때는 평소 아이가 선호하고 자주 하는 게임이 어떤 구성을 갖추고 있는지 꼼꼼히 확인하세요. 인터넷을 통해 아이가 하는 게임에 대한 정보를 반드시 알아두세요. 모든 게임에는 적정 이용 연령이 있는데, 멋모르고 친구들이 하는 게임을 부모 몰래 핸드폰에 설치하는 아이들도 있습니다. 덮어두고 게임을 못 하게 하는 것보다 아이가 하는 게임의 종류를 먼저 파악하고 허용 여부를 고민하는 것이 우선입니다. 앞서 언급한 바와 같이 중독성이 강한 스토리를 가졌는지, 화면 구성은 자극적이지 않은지, 자극적인 과몰입 요소를 가졌는지 등을 면밀히 파악하는 노력이 필요합니다.

3. 평소에 게임 대화를 나눕니다

아이가 게임을 너무 자주 하거나 절제하지 못하면 자제해야 하는 이유를 설명해줘야 합니다. 무조건 게임을 못 하게 하거나 게임을 할 때마다 혼내면 아이가 큰 반발심을 느낄 수 있기 때문입니다. 부모가 아무리 막아도 아이들은 기어코 자기만의 수단을 찾아냅니다. 실제로 상담센터에 게임 중독으로 내원하는 아이들 상당수가 부모 몰래 친구들에게 핸드폰 공기계를 얻어서 화장실에 숨겨두고 게임을 하는 경우였습니다. 결국 통제하는 방법으로는 문제가 해결되지 않습니다. 스스로 조절할 수 있도록 가르쳐주는 것이 중요합니다.

7세 또는 초등학생 정도가 되면 아이들은 자신이 왜 게임을 해야 하는지 나름의 이유를 갖습니다. 아이가 왜 게임을 하고 싶어 하는지에 대해 성의 있게 들어주고, 중독될 때 생길 수 있는 발달 상의 유해성 등을 아이의 눈높이에 맞게 설명해주세요. 여기서 중요한 것은 단호하게 지침을 세워주는 것입니다.

4. 게임 시간은 아이에게 결정권을 주세요

초등학교 저학년 미만의 아이라면 하루에 게임할 시간을 직접 정하게 해주세요. 평소에 한 시간 정도 게임을 하던 아이가 부모의 눈치를 보며 "30분만 할게요"라고 시간을 줄여서 대답할 수 있습니다. 이때 부모는 아이가 현실적인 목표를 세울 수 있도록 "30분으로 괜찮겠어? 한 시간 정도 해"라고 말해주는 게 좋습니다. 이런 과정을 통해 부모와 아이가 합의점을 찾으면 아이 스스로 게임을 절제하여 중독을 예방할 수 있습니다.

반면 초등학교 고학년이나 중학생이 되면 청유형 표현을 해주세요. 사춘기 시기의 아이들은 부모의 개입을 귀찮아하고 억압받는다고 느끼기 쉽습니다. 몇 발 물러서서 관찰하고, 짧고 간결하게 이야기하세요. 그리고 역시 아이에게 게임 할 시간을 스스로 정하도록 선택권을 주고, 제대로 지키지 못하면 하루 정도 핸드폰을 사용하지 못하게 압수했다가 다음 날 다시 아이에게 건네주세요.

많은 부모가 게임 문제에 즉각적으로 대응하지 않고 "엄마가 그동안 아무 말 않고 가만 지켜봤는데 자제를 못 하니까 핸드폰을 해지해야겠어"와 같은 갑작스러운 통제 방법을 사용합니다. 이런 방식은 아이 입장에서 받아들이기 어려운 통제이면서, 무엇보다 아이 스스로 결정하고 책임지는 습관을 들일 기회를 빼앗는 것입니다.

소리치거나 매를 드는 것은 쉬운 해결책처럼 보이고, 그런 방식을 통해 아이가 가만히 있으면 훈육의 효과가 있다고 착각하기 쉽지만, 중독성이 강한 문제는 결코 이런 방식으로 해결되지 않습니다. 아이에게 기회를 주고 기다려주는 것이 부모가 해야 할 일입니다.

5. 부모가 게임 시간을 파악해야 합니다

부모가 상황을 파악할 수 있는 주말에 아이가 얼마나 오래 게임하는지 알아봐야 합니다. 아이가 자제력을 가지고 제한된 시간 동안 게임을 하거나 텔레비전을 보는 것은 어려운 일입니다. 그렇기 때문에 부모의 지도가 가능한 주말에 게임하도록 제한해주세요. 어린 시기부터 적절히 제한을 받아야 이후 중학생이 되어서도 문제를 일으킬 확률이 낮습니다.

아이가 게임에 얼마나 빠졌는지 진단하는 법

한국콘텐츠진흥원 홈페이지(www.kocca.kr)에서 만 8세 이상(초등학생 4학년)부터 만 20세까지 '게임 습관 자가 진단'을 직접 해볼 수 있습니다. 이 설문을 통해서 게임 습관을 체크하고, 고위험군, 경계군, 일반 사용군, 게임 선용군 등의 결과를 보면서 아이의 중독 상태를 확인할 수 있습니다.

게임 중독이나 미디어 중독 문제가 오래 지속되면 불안 문제나 자기 통제의 어려움을 겪을 확률이 높으므로 반드시 조기에 개입해야 합니다.

하루 종일 동영상만 보려고 하는 아이

다섯 살 태윤이 부모는 시도 때도 없이 텔레비전이나 태블릿 PC로 동영상만 들여다보고 있는 아이 때문에 고민입니다. 다른 장난감이나 책을 가져다주어도 등한시하고, 밥을 먹거나 잠들기 전까지 오로지 동영상만 봅니다.

최근에는 동영상을 못 보게 하면 아이가 심하게 울고 떼를 써서 아이와 실랑이를 하는 일도 잦아졌습니다. 그뿐 아니라 영상에 대해 '집착'에 가까운 행동을 보이기 시작한 뒤로는 친구들과 노는 것도 멀리하게 돼 교우 관계에 이상이 생기지는 않을지 우려가 큽니다.

아이가 동영상에 집착하는 이유

아이는 오감을 통해 세상과 소통하고 그 과정에서 일종의 흥분과 환희를 경험합니다. 아이가 처음 접하는 동영상들은 오감을 강력하게 자극할 요소가 가득한 콘텐츠이기 때문에 쉽게 빠져듭니다. 마치 초콜릿을 처음 먹은 아이가 초콜릿에 집착하는 것과 비슷한 현상이라고 볼 수 있지요.

특히 동영상 콘텐츠는 매초 단위로 변하면서 시각적인 자극을 주기 때문에 아이들이 번쩍이는 강력한 빛 자극에 쉽게 몰입하게 됩니다. 이러한 과도한 시각적 자극에 노출되면 아이들의 두뇌에도 이상이 생길 수 있습니다. 실제 수년 전 일본에서는 선풍적인 인기를 끌었던 한 만화 캐릭터가 나오는 장면에서 아이들이 동시다발적으로 경련을 일으켜 사회적인 물의를 빚었던 사례도 있습니다.

상담하면서도 아이들이 영상의 시각적 요소에 매료되어 집착에 이르는 경우를 흔히 봅니다. 특히 시각적 요소가 두드러지는 숫자나 문자와 관련된 부분에 유달리 집착하고, 이야기의 흐름과 관계없이 특정 장면만 반복적으로 보고 싶어 하는 아이들도 많습니다. 이 정도로 영상에 집착하면 일상에 큰 지장을 초래하고, 자극 정도가 높은 정보만 선호하게 돼 책을 통한 학습이나 일상적인 대화 등에 어려움을 겪을 수 있습니다.

어떻게 얼마나 보여주어야 할까?

아이의 두뇌와 정서가 활발히 발달하는 유·아동 시기에는 동영상과 같은 일방적인 자극이 아닌 일상에서의 상호 작용 경험이 무엇보다 중요합니다. 따라서 아이와 대화하는 시간을 늘리고 다양하게 소통할 수 있도록 해야 합니다. 아이가 동영상을 볼 때도 자극과 정보를 일방적으로 받아들이는 것이 아니라 동영상에서 나온 내용을 부모와 함께 되짚어보면서 아이가 능동적으로 사고할 수 있는 활동을 겸하도록 지도해주는 게 좋습니다.

과도한 영상 콘텐츠의 악영향에 대해 모르는 것은 아니지만 생활에서 완벽하게 차단하기는 어려운 것이 현실입니다. 또 영상 콘텐츠를 효과적으로 활용하면 아이들이 생활에서 경험하지 못한 요소와 정보를 간접 경험하거나 다양한 어휘나 표현을 손쉽게 습득하게 할 수도 있습니다. 즉, 동영상은 어떻게 활용하느냐에 따라 아이에게 도움이 될 수도, 심각한 문제를 초래할 수도 있는 양날의 검인 셈입니다. 그렇다면 부모들은 어떻게 아이들이 동영상을 시청하도록 지도해야 할까요? 다음의 동영상 시청 지도 지침 사항을 숙지하고 적용해보세요.

동영상에 빠진 아이 이렇게 도와주세요

1. 만 2세 미만 때는 동영상 시청을 제한하세요

만 2세 미만까지는 시지각 발달이 중요한 시기입니다. 따라서 지나치게 자극적인 화면보다 알록달록한 색상을 가진 인형이나 느리게 움직이는 모빌에 노출해주세요. 이 시기는 시각 자극의 형태와 움직임에 대한 발달이 중요하고, 시각 자극은 두 살 아이에게 지나치게 자극적입니다. 동영상 시청은 제한하는 게 좋아요.

2. 시청 시간을 하루 2시간 미만으로 제한하세요

동영상 시청 시간을 하루 1~2시간 미만으로 제한해주세요. 동영상은 앞으로 아이들에게 꾸준히 노출될 수밖에 없습니다. 그래서 시작과 끝을 명확하게 정하는 버릇을 어릴 때부터 갖는 것이 중요합니다. 특히 7세 이전의 아이들은 전두엽 기능이 충분히 발달하지 못했기 때문에 반드시 부모의 직접적인 개입이 필요합니다. 만 10살 이상은 되어야 어느 정도 스스로 조절할 수 있습니다.

3. 동영상 시청 전 시작 시간과 끝 시간을 알려주세요

아이는 동영상을 더 보여달라고 하고, 부모는 시청 시간을 제한하기 때문에 실랑이가 벌어집니다. 그래서 동영상 시청이 끝나면 아이가 흥미를 느낄 만한 놀이를 중간에 넣어서 학습으로 전환

하는 '완충 시간'이 필요합니다. 그래야 아이도 스스로 상황을 이해하고 감정을 다스릴 수 있습니다.

4. 아이가 시청할 영상은 부모가 먼저 보고 선택하세요

텔레비전에서 나오는 영상은 기본적으로 방송통신위원회의 심의를 통해 걸러진 내용이지만, 유튜브나 기타 인터넷 영상은 규제에서 벗어나 다소 부적절한 내용을 담고 있을 수 있습니다. 반드시 부모가 먼저 확인하고 선택해야 합니다.

5. 영상을 함께 시청하고 내용에 대해 대화하세요

되도록 아이와 함께 동영상을 시청하고 영상 내용에 대해 질문하고 대화하세요. 그러면 아이들은 동영상을 보면서 상황에 공감하는 능력을 기를 수 있고, 이해받는다는 느낌도 받을 수 있습니다. 집안일을 하면서 아이 혼자 시간을 보내도록 동영상을 보여주는 것이 아닌, 공감과 소통을 위한 기회로 활용해보세요.

6. 스마트폰을 아이 손에 쥐어주지 마세요

아이가 직접 스마트폰을 조작해서 영상을 보게 되면 영상에 대한 주도권이 자기에게 있다고 생각할 수 있습니다. 그래서 부모가 영상을 끄려고 하면 거칠게 울거나 떼를 쓸 확률이 더 높지요. 공공장소에서 스마트폰을 보여주어야 하는 상황이라면, 테이블에 스마트폰을 안정적으로 장착한 후 반드시 부모가 주도적으로 기기 조작을 해야 합니다.

7. 부모도 동영상 시청을 줄이세요

부모도 동영상 시청 시간을 줄여야 합니다. 대부분의 다른 행동과 마찬가지로, 아이는 부모가 영상을 보면 행동에서 크게 영향받고 모방하기 때문입니다.

5장

원만하게
학교생활 하기

학교에 적응하기
힘들어하는 아이

초등학교 2학년 아들 엄마예요. 학교 보내는 게 힘들다 힘들다 많이 들어왔지만, 이렇게까지 힘들 줄은 미처 생각을 못 했어요. 작년에 입학하고 나서 잘 적응하는 것 같았고 친구들과 어울리는 데도 문제가 없어 보여서 한시름 놓고 있었는데, 2학년 개학한 지 일주일도 안 된 지금, 상황이 180도 달라진 것 같아요. 어제도 학교 가기 싫다고 집에서부터 징징거리더니, 정문에서부터 쭈뼛쭈뼛 울음 터지기 일보 직전이었어요. 얘가 왜 이러나 싶다가도, 타일러도 보고 알아듣게 몇 번을 이야기해도 귀가 막혔는지 못 알아듣는 아이에게 다가가 거칠게 등을 밀면서 "빨리 들어가라고 했지!" 하며 소리치고 말았어요. 수업 시작 시간이 다되어서야 얼떨결에 떠밀려 가다시피

학교 안으로 들어가는 뒷모습을 보니, '좀 더 부드럽게 설득할걸' 하며 돌아오는 내내 후회했어요. 불안도 높고 예민한 아들이 오늘 하루 잘 보낼 수 있을지 걱정돼요. 요즘 학교에선 식욕도 없는지 집에 오면 허겁지겁 간식을 먹는데, 급식 시간도 아이에겐 힘들겠지요. 낯설고 새로운 환경에 주눅들어 있을 생각하니 너무 힘드네요. 불안감에 토하지는 않을까, 화장실도 안 가고 소변을 마냥 참고만 있진 않을까 걱정만 돼요. 부디 빠르게 새학년에 적응했으면 좋겠어요. 아이가 밝은 얼굴로 집에 와서 "학교 잘 다녀왔습니다"라고 인사해주면 너무 좋을 것 같아요. 제가 어떻게 도와줘야 할까요?

초등학생 아이를 둔 부모들은 새학기만 되면 기대 반, 걱정 반으로 아이를 지켜보게 됩니다. 특히나 기질적으로 예민하고 불안이 높은 아이라면 학교에 보내야 하는 매일 아침이 전쟁처럼 느껴지기도 하지요. 불안이 가라앉아야 새로운 선생님과 친구들과도 적응하게 되고, 편안한 환경에서 올바른 학습태도를 익힐 수 있을 텐데 말이죠. 이처럼 학교에 가는 일이 너무 힘든 아이들에게는 어떤 어려움이 숨어 있는 걸까요?

심리학의 눈으로 보았을 때 등교거부는 아이가 불안이 너무 높다거나 공부를 피하려고 한다는 단순한 문제를 넘어서는 심각한 문제로 볼 수 있습니다. 학교 가는 것을 힘들어하는 아이는, 발달 과정에서 익혀야 할 다양한 사회성 기술, 인지발달을 체계적으로 돕는 학습 기술을 배우는 기회를 놓칠 뿐 아니라 친구들과 달리 자신만 적응에 어려움을 갖는다는 심리적 고립감까지 더해져 자존감 문제로 번질 수 있기 때문입니다. 따라서 소아청소년 정신과에서 이 같은 등교거부는 '정신과적인 응급상황'으로 이해하기도 하지요. 생각보다 쉽지 않은 문제라는 뜻입니다.

최근엔 이러한 등교거부 현상을 가리켜 '새학기 증후군'이라는 말로 표현을 하기도 합니다. 물론 이는 공식적인 진단명은 아닙니다. 다만 다양한 정서, 행동 문제로 나타날 수 있는 증후군으로서 시대에 따라, '무단결석', '학교공포증', '분리불안' 등 다양한 용어로 표현되어왔습니다. 대개 무단결석은 고의적이고 반사회적인 반항심으로 학교에 가는 것을 거부하는 것을 말하는 반면, 등교 거부나 학교공포증은 불안 때문에 학교에 가지 못하는 것을 의미합니다. 따라서 등교거부, 새학기 증후군은 일종의 적응 장애라고 할 수 있고 적절한 개입이 필요한 상황입니다.

새 학기 증후군 체크리스트

이 중 네 개 이상의 증상이 2주 이상 지속되면 새 학기 증후군을 의심할 수 있습니다.

항목	체크
학교 갈 시간인데 화장실에서 나오지 않는다	
학교에 가기 싫다는 말을 자주 한다	
자주 머리와 배가 아프다고 한다	
평소보다 더 산만해졌다	
사소한 일에 자주 화를 낸다	
아이가 무기력해졌다	
잘 먹지 못하고, 먹고 난 후 소화가 잘 안 된다고 한다	
갑자기 눈을 깜빡이는 등 틱 증상이 생겼다	
짜증이 많아졌다	
학교에 대한 이야기를 물어보면 화를 낸다	

산만한 아이가 더 불안해하는 이유

불안하면 쉽게 긴장하고, 긴장하면 우리의 몸은 일종의 전투 태세를 갖춥니다. 그래서 불안이나 두려움 같은 감정은 생존에 도움을 줍니다. 컴컴한 산속에서 길을 잃었는데, 저 멀리서 산짐승의 울음소리가 들려옵니다. 이때 동공은 확장되고, 심장은 쿵쾅대며, 목덜미엔 진땀이 흐르고, 온몸의 피는 근육으로 쏠려 언제든 도망

칠 준비를 합니다. 그리고 피가 온통 근육에 쏠려 있기에 소화 기관은 일시 정지 상태가 되고요.

그런데 현대에는 호랑이나 산짐승을 만날 일이 거의 없습니다. 대신 단체 생활에 잘 적응하지 못하거나 대인 관계에 어려움을 겪으면서 불안을 느끼고 긴장하게 되지요. 그래서 기질적으로 산만한 아이들은 새 학기에 낯선 교실, 낯선 선생님을 만나면 지나치게 불안해하거나 체한 것 같다면서 배가 아프다는 호소를 자주 합니다. 문제는 매일 학교에 가야 한다는 것이지요. 또 첫 단추를 잘못 끼우면 스트레스가 계속되어 신체화 증상이 만성화될 수 있습니다.

심하면 몸까지 아픈 '새 학기 증후군'

눈에 보이는 몸의 상처는 화들짝 놀라서 즉시 해결해주지만, 마음에 난 상처는 제대로 보이지 않기 때문에 아이 마음을 알아주는 일은 너무나 어렵습니다. 학교 갈 시간만 되면 기운이 없고 배가 아프다고 호소하는 아이들은 꾀병이 아닙니다. 새 학기 증후군을 극복하기 위해서는 적응 과정의 스트레스를 줄여주는 것이 관건입니다. 그러므로 부모의 역할이 중요합니다. 새 학기 증후군을 효과적으로 극복할 수 있는 노하우를 숙지하고 아이에게 적용해주세요.

1. 자녀의 증상을 점검하기

아이가 이야기하는 배앓이, 어지러움, 두통은 1차적으로 신체 질환일 가능성을 배제하지 않아야 합니다. 따라서 가까운 소아과에서 진찰을 받고 점검할 필요가 있습니다. 하지만 불안이 높은 아이들의 경우 '신체화 증상somatic symptom'이라는 것이 나타날 수 있습니다. 신체화 증상이란, 뚜렷한 내과적 원인 없이 스트레스에 의해 발생하는 신체적 불편감을 이야기합니다. 두통이나 현기증, 배앓이부터 경련에 이르기까지 다양한 모습이 보일 수 있지요. 따라서 병원에 다녀왔다고 해서, 내과적 원인이 발견되지 않았다고 해서 아이의 증상을 가볍게 넘겨서는 안 됩니다. 대화를 하면서 통증의 원인이 무엇인지 잘 살펴야 합니다.

2. 사소한 변화도 미리 연습시키기

대부분의 초등학교에서 1학년의 경우 한 달여간의 생활 적응 기간을 갖습니다. 교실과 화장실의 위치, 도서관, 급식실 가는 길 익히기까지 다양한 내용을 배우게 되지요. 뿐만 아니라 챙겨야 할 학용품도 늘어나고 스스로 사물함 정리도 해야 하는 등 아이 입장에서는 급격한 환경 변화로 인해 스트레스가 늘어나게 됩니다. 그 과정에서 유치원과 초등학교의 차이를 실제보다 더욱 크게 느끼는 아이들도 생겨납니다. 특히 수업 중 화장실에 가고 싶어도 '어떻게 이야기를 해야 할지 몰라서' 대소변을 참는 아이들도 있다는 점을 기억해주세요. 수업 시간에 화장실에 가야 하는 상황이라면 손을 들고 선생님께 의사 표현하는 방법을 집에서 연습해보는 것도 학교에 대한 불안감을 낮추는 데 큰 도움이 됩니다. 학용품을 사용하는 법도 집에서 차근차근 짚어주세요. 변화된 환경에 적응할 수 있도록 부모가 챙겨주세요.

3. 아이 감정 코치하기

아이의 스트레스에 공감해주세요. 학교에 가기 싫어하는 아이를 무작정 떠밀지 말고, 아이의 마음을 인정하고 공감해줘야 합니다. 특히 산만한 아이들은 또래 관계에 실패하는 경험이 많아서 낯선 환경에서 새로운 친구 사귀는 것을 더욱 힘들어합니다. 아이가 느끼는 감정을 차분하게 들어주고, 친구들에게 말 거는 상황을 미리 연습해보는 것도 좋은 방법입니다. 힘들어하는 아이에게 "숙제는 다 했니?", "오늘은 뭘 배웠어?" 같은 부담스러운 질문은 자주 하지 않는 게 좋습니다. 대신 부모가 아이와 비슷한 시기에 겪었던 경험이나 당시 감정에 대해 자주 이야기하면서 학교생활에 대한 기대감을 심어주는 것이 좋습니다.

4. 규칙적인 생활 패턴 연습하기

급격한 생활 패턴 변화는 아이의 스트레스를 가중시킬 수 있습니다. 새 학기 이전부터 학교에서 생활하는 시간에 따라 수면, 식사, 학습 등 생활 패턴을 맞춰주세요. 사람의 몸은 일정한 주기와 리듬을 갖고 있어서 학기 전의 불규칙한 생활을 빨리 바로잡을수록 아이의 적응도 빨라집니다. 특히 멍 때리는 아이들은 새 친구를 사귈 때 큰 스트레스를 받을 수 있습니다. 다른 아이들이 하는 이야기를 차분하게 듣지 못하고 놓치기 때문에 상황에 안 맞는 엉뚱한 반응을 보여 놀림을 받는 경우도 많습니다. 오히려 그런 면을 활용해서 아이에게 상황을 유머러스하게 넘어가거나 반전시킬 만한 한마디를 알려주는 것도 좋습니다. 당장 아이의 특성을 고칠 수 없는 상황에서 일부러 한 박자 늦게 반응하는 재미있는 캐릭터로 주위에 각인시키는 것도 의외로 도움이 됩니다.

5. 학교는 반드시 보내기

아이의 거부가 반복된다고 해서 순간 약해진 마음으로 학교에 보내지 않는 것은 결코 좋은 해결책이 아닙니다. 게다가 '등교 거부를 시도했더니 정말 학교에 가지 않았다'는 결과가 발생하면, 아이는 이를 심리적 보상으로 받아들이게 됩니다. 이를 심리학적으로 '이차적 이득secondary gain'이라고 합니다. 예를 들어 우울하고 불안한 감정을 표현했더니 가족과 친구들이 평소보다 세심하게 나를 보살펴주었다면, 우울함을 통해 보살핌이라는 심리적 이득을 취한 것으로 볼 수 있습니다. 비슷한 예로, 자주 화를 내는 사람의 경우 '분노를 통해 다른 사람을 내 의도에 맞게 움직일 수 있다'는 이차적 이득을 경험합니다. 마찬가지로 등교 거부와 불안이라는 행동과 감정 분출을 통해 편안한 집에서 엄마와 함께 시간을 보낼 수 있다는 심리적 이득까지 경험한 아이는 새 학기 증후군을 이겨 낼 동기가 더욱 줄어드는 문제로 이어질 수 있습니다. 이 경우 아이는 계속 '불안'을 유지함으로써 이차적 이득을 얻으려는 부정적인 감정 습관을 형성할 가능성이 있기 때문에 반드시 학교를 보내는 것이 개선의 시작입니다.

6. 부모의 언어 습관 점검하기

새 학년 새 학기가 되면 부모의 마음까지 덩달아 조급해지게 마련입니다. 그에 따라 자기도 모르게 아이에게는 부정적인 표현을 습관적으로 반복하기 쉽습니다. 많은 부모가 한 번쯤 아이에게 이런 표현을 해본 적 있을 겁니다.

1학년이 된 아이에게 "너 이제 유치원생 아니야."
2학년이 된 아이에게 "너 이제 1학년 아니야."
3학년이 된 아이에게 "너 이제 어린애 아니야."
4학년이 된 아이에게 "너 이제 저학년 아니야"

부모의 부정적이고 압박하는 말들이 아이 내면에 불안과 분노를 가중시킨다는 걸 알면서도, 무심코 아이에게 쏟아내고 후회해 본 경험이 있을 겁니다. 내면의 불안을 해소하는 가장 쉬운 방법은 남에게 표출해버리는 것입니다. 부모가 아이에게 그러하듯이, 아이들 역시 내면에서 올라오는 불안을 견디기 어려울 때 부모와 다투거나 짜증을 부리곤 합니다. 이럴 때는 아이와 맞서지 말고 말없이 안아주세요. 아이가 불안에 정면으로 맞설 수 있도록 든든한 안전 기지가 되어주세요. 정서적으로 여유로운 부모가 되기 위해, 부모의 불안과 스트레스를 해소할 수 있는 별도의 창구를 마련해주세요. 부모로 살아가는 시간과 개인으로 살아가는 시간의 균형을 잡는 것이 그래서 중요합니다.

불안을 줄여주는 학용품 준비와 연습

산만한 아이의 불안을 가중시키는 이유 중 너무 사소해서 부모가 놓치는 것 중 하나는 바로 학용품 사용법입니다. 새 학기 증후군을 유발하는 원인은 스트레스인데, 배워야 할 것이 너무 많으면 소위 '인지과부하'가 걸려서 스트레스가 가중됩니다. 따라서 학용품 사용만 익숙하게 도와줘도 인지부하량이 현저하게 줄어 학교 적응을 수월하게 만들어줄 수 있습니다.

1. 책가방은 뚜껑 없는 지퍼형

길게 덮인 책가방 뚜껑을 열고 닫는 일은 충동성이 강한 아이들에게는 생각보다 번거로운 일입니다. 게다가 모양이 잡히지 않고 흐물거리는 가방보다는 네모 반듯하게 각이 살아 있는 책가방이 아이들이 가방 속 내용물을 확인하기 훨씬 편안합니다. 가방 안에 공간이 구분된 것으로 준비해서. 책은 등판에, 자잘한 물건은 앞 칸에 넣는 식으로 물건을 분류해서 넣는 법을 가르쳐주세요. 선생님이 나눠주는 유인물을 담는 별도의 파일을 가방 안에 상시 넣어두는 것도 좋습니다. 준비물은 부모가 챙겨주더라도, 물건은 스스로 정리해서 넣을 수 있도록 연습시켜주세요.

2. 문구류는 최대한 무난한 것

생선 모양의 독특한 필통이나 달그닥 소리가 나는 철제 필통, 버튼을 누르면 열리는 자동 필통은 아이의 집중력을 흐트러지게 할 수 있습니다. 수업 시간에 집중하지 못하고 버튼을 눌러대거나 책상 위에 올려둔 철제 필통을 떨어뜨려서 선생님과 친구의 눈총을 받는 상황은 아이에게는 큰 스트레스로 작용할 수 있습니다. 샤프처럼 꾹꾹 눌러서 사용하는 지우개는 자꾸 손이 가서 산만하게도 하지만, 친구들이 신기하다며 채갈 수도 있고 괜한 일로 다투는 원인이 되기도 합니다. 책상 위를 데구르르 구르는 둥근 연필보다는 육각형 연필이 떨어질 우려도, 잃어버릴 염려도 적습니다.

3. 셀로판테이프 사용법을 알려주세요

미술 시간에 셀로판 테이프를 사용하는 일이 생각보다 흔하기 때문에, 사용법을 미리 알려주어야 수업 시간에 당황하지 않고 친구들과 발맞추어 진도를 나갈 수 있습니다. 소근육 발달이나 시각-운동협응력이 느린 아이는 셀로판 테이프 뜯는 걸 힘들어해서 길게 늘리다 짜증내고 포기하는 일이 생각보다 빈번하게 나타납니다. 새로운 테이프를 구입해서 처음 한 번은 뜯어서 넣어주세요. 그리고 집에서 테이프를 뜯는 연습을 시켜주세요.

4. 책상 서랍, 사물함 사용법을 연습시키세요

기질이 급한 아이 혹은 불안이 높은 아이는 책이나 공책을 서랍에 억지로 욱여넣는 일이 다반사입니다. 그 과정에서 다른 책 사이로 공책이 들어가 버리거나 다른 책 표지를 찢는 일이 벌어지기도 합니다. 그러고는 찾는 책이 없다고 당황하기도 하지요. 책을 여러 권 넣을 때 바닥에 '탁탁!' 쳐서 정돈하는 기초적인 방법부터 아이에게 가르쳐주세요. 또한 교실 뒤편 사물함 사용법은 담임 선생님께서 안내해주지만, 색연필이나 사인펜처럼 납작한 것들은 모아서 쌓고, 가위나 풀처럼 자잘한 물건은 사물함 한쪽으로 모아두는 방법을 집에서 습관으로 만들어주면, 수업 준비 전 급히 물건을 찾느라 느끼는 불안이 줄어들게 됩니다.

교실에서 적응을 돕는 10가지 방법

러시아의 발달 심리학자 레프 비고츠키의 관점에 바탕을 둔 교육 과정 '정신의 도구the tools of the mind'는 아이 스스로 배우고 참여할 수 있는 학교 환경을 만드는 것이 중요하고, 심리적인 지지를 받을 때 아이의 잠재력이 극대화된다는 점을 기반으로 하는 교육 방법입니다.

2007년에 아델 다이아몬드와 스티븐 바넷은 정신의 도구 커리큘럼을 이용해서 5세 아이 147명을 대상으로 교육하여, 그 효과를 〈사이언스〉지에 발표한 적이 있습니다. 놀랍게도 정신의 도구 커리큘럼 수업을 받은 아이들이 표준 교과 과정으로 배운 아이들보다 뛰어난 능력을 보였습니다. 작업 기억, 억제력, 유연성 면에서 두 배 이상의 성과를 보인 것입니다. 심지어 연구에 참여했던 교사들은 정신의 도구 교육 과정을 확대해야 한다고 주장하며, 연구 기간을 연장하고 기존의 교육 시스템을 거부하기도 했습니다.

정신의 도구 교육 과정의 핵심은 자기 조절 능력을 향상하기 위한 40가지 활동입니다. 예를 들어 '짝과 함께 읽기'라는 활동은 아이가 서로 둘씩 짝지어 차례로 돌아가면서 그림책의 이야기를 서로 들려주는 방식으로 진행됩니다. 선생님은 한 아이에게 입술 모양의 팻말을, 다른 아이에게는 귀 모양의 팻말을 주면서 "귀는 말하는 게 아니라 듣는 역할이고, 입술이 말하는 역할이야"라고 알려줍니다. 그러면 귀 그림을 가진 아이는 입술 그림을 가진 아이에게 그림책에서 나온 내용에 대해 질문을 하는 것이지요. 이 간단한 활동은 말하기를 참았다가 적절한 시기에 맞춰서 하는 능력, 차례를 기다릴 줄 아는 능력 그리고 경청 능력을 길러줍니다. 역할을 바꿔가며 몇 달을 연습하면 아이들은 그림이 없어도 자기 차례를 기다릴 줄 알게 됩니다.

정신의 도구 교육 과정의 탁월한 성과는, 교육 방식을 바꾸고 아이들이 자발적으로 참여하는 환경을 조성하면 아이들의 행동 변화를 직접 끌어낼 수 있다는 점입니다. 학업 성취도는 물론 다른 사람의 이야기를 경청하고 도움을 주는 과정을 통해 심리적인 만족감도 얻을 수 있습니다. 이것은 현재 우리 학교 시스템에 필요한 것이 무엇일까 고민하게 만드는 지점이기도 합니다.

최근 초등학교에서 모둠 활동의 비중이 점차 늘면서 정신의 도구 교육 과정이 갖는 기본적인 원칙들이 재조명되고 있습니다. 정신의 도구 교육 과정이 갖는 기본적인 원칙은 다음과 같습니다.

1. 아이들이 집행 기능을 사용하도록 도와주고 더 높은 단계에 도전하게 한다.
2. 교실에서의 스트레스를 줄인다.

3. 아이에게 창피를 주는 일이 없어야 한다.

4. 아이들의 기쁨과 자부심을 함양한다.

5. 직접 해보는 능동적 학습 접근법을 사용한다.

6. 아이들마다 다른 각자의 발달 속도에 잘 맞추어준다.

7. 학업 발달과 더불어 인성 발달도 강조한다.

8. 말로 하는 언어 표현을 강조한다.

9. 아이들이 서로에게 가르침을 줄 수 있도록 참여시킨다.

10. 사회적 기술과 유대감을 조성한다.

위에 나열된 원칙은 보편적인 관점에서도 훌륭하지만, 자율성과 아이의 발달 속도에 맞게 집행 기능을 사용할 수 있도록 도와준다는 점에서 산만한 아이를 키우는 부모에게도 시사점을 던져줍니다. 선천적인 재능에 의한 성취가 아닌 꾸준한 반복 과정을 통해 각자가 가진 잠재력을 탁월함으로 변화시켜나가는 정신의 도구 교육 과정은, 학교생활에서 아이들이 겪는 다양한 문제에 대한 근본적인 해법이 될 수 있습니다.

우리 아이의 학교 적응 준비 리스트

정신의 도구에서 이야기하는 열 가지 원칙은 실제 우리 아이의 학교 적응도를 살펴볼 수 있는 좋은 기준입니다.

1. 아이들이 집행 기능을 사용하도록 도와주고 더 높은 단계에 도전하게 한다

산만한 아이들은 전두엽 기능이 성숙하지 못한 경우가 많습니다. 적절한 치료와 함께 학교생활에서의 규칙을 간단하게 정리해서 일주일에 한 번 부모가 직접 점검하는 시간을 갖는 것이 좋습니다. 아이 스스로 매주 학교에서 나오는 과제를 준비하고, 모둠 수업 활동을 평가할 수 있도록 돕는다면 아이는 책임감을 느끼고 같은 실수를 반복하지 않을 것입니다.

2. 교실에서의 스트레스를 줄인다

산만한 아이들은 학교에 가는 것 자체를 어려워하는 경우가 많습니다. 특히 친구 관계가 원활하지 못하면 스트레스가 가중되는데, 아이가 지속해서 친구의 이름을 언급하는지 확인할 필요가 있습니다. 산만한 아이들은 대부분 지속해서 한 친구와 우정을 유지하는 데 어려움을 겪기도 하고, 사소한 오해로 관계가 소원해져도 해결책을 찾지 못해 혼자 전전긍긍하는 경우가 많습니다.

3. 아이에게 창피를 주는 일이 없어야 한다

충동성이 강한 아이들은 수업 중에 공개적으로 지적받기 쉽고, 문제가 반복되면 낙인 효과로 인해 위축되는 모습을 보입니다. 이때 부모가 해줄 수 있는 일은 일단 아이의 편에 서서 아이가 잘못한 부분과 위축되지 않아야 하는 부분을 구분하여 자존감이 다치지 않도록 감싸주는 것입니다. 필요하면 담임 선생님께 아이의 특성을 충분히 설명하고, 전문 기관의 소견서를 첨부하여 지도 방향을 잡는 것이 좋습니다. 많은 심리센터에서는 교사 행동 평가 척도 검사Teacher Report Form; TRF를 활용하여 아이의 인지적 특성을 반영한 지도가 이루어질 수 있도록 돕고 있습니다.

4. 아이들의 기쁨과 자부심을 함양한다

부모가 저지르는 흔한 실수 중 하나는 학교생활에서 얻는 즐거움을 오로지 학업 성취도와 연결하는 것입니다. 아이들은 친구들과 함께 배우는 것에서 성취감을 경험하기도 하지만, 쉬는 시간에 친구들과 어울려 노는 사소한 즐거움을 무엇보다 크게 느낀다는 점을 기억해 주세요.

5. 직접 해보는 능동적 학습 접근법을 사용한다

새로움에 대한 추구와 창의적인 해결책은 산만한 아이들이 가진 특별한 잠재력 중 하나라고 이야기한 바 있습니다. 산만한 아이들은 규칙을 싫어하고, 하고 싶은 일에 누구보다 높은 집중력을 보이기 때문에 모둠 활동이나 예습을 통해 수업에 참여하는 방식을 미리 주지시키는 것이 중요합니다. 산만한 아이일수록 나무보다 숲을 볼 수 있도록 전체 수업의 개요를 집에서 미리 잡아주는 것도 동기 부여를 하는데 큰 도움이 됩니다.

6. 아이들마다 다른 각자의 발달 속도에 잘 맞추어준다

주의력 결핍형 아이들은 또래보다 소근육 발달이 늦어서 정교한 동작을 할 때 어려움을 겪는 경우가 많습니다. 소근육 발달이 늦되면 체육 활동을 잘 못 하거나 자기표현이 미숙해서 아이의 자존감을 떨어뜨리는 상황이 반복될 수 있습니다. 아이가 운동 협응 능력, 미세 근육 조절 능력 등을 꾸준히 키워나갈 수 있도록 집에서 도와주세요. 점선을 따라서 가위질하기, 종이접기 등 기본적인 미술 활동을 하는 것이 운동 협응에 도움이 됩니다.

7. 학업 발달과 더불어 인성 발달도 강조한다

정신의 도구 교육 과정이 강조하듯, 듣는 능력은 아이의 인성 발달에 중요한 역할을 합니다. 잘 듣는 아이에게 친구의 마음을 헤아릴 기회가 더 자주 오는 것은 당연한 일입니다. 친구들의 말을 더 잘 듣고, 상황에 맞게 행동할 수 있도록 아이와 대화할 때 정교한 표현을 사용해주세요.

8. 말로 하는 언어 표현을 강조한다

충동성이 강한 아이들은 감정 정리가 채 되지 않은 상황에서도 무턱대고 말부터 하는 경우가 많습니다. 큰 소리로 말하거나 우기는 것이 상황에 대한 주도권을 갖는 방법이라고 잘못 알고 있는 경우가 많기 때문입니다. 더 큰 문제는 자기감정을 정확하게 말로 표현하지 못하는 경우, 쓸데없이 오해를 사는 말을 하는 아이로 비친다는 점입니다. 그렇기 때문에 아이의 표현이 실제 아이의 감정을 반영한 것인지 확인하고 다듬어줄 필요가 있습니다. 특히 엄마와 아들 관계에서는 성별 차이 때문에 서로의 어투와 표현 방식을 적절하게 이해하지 못해 감정싸움이 생기기도 합니다. 반드시 남자아이의 언어 표현에 담긴 의도를 이해하고 중재할 수 있는 아빠와 함께 문제를 상의하고, 아이의 감정을 올바르게 바라보려고 노력하면 학교생활에도 큰 도움이 될 것입니다.

9. 아이들이 서로에게 가르침을 줄 수 있도록 참여시킨다

산만한 아이들은 친구들에게 놀림당하거나 선생님께 지적받는 일에 익숙해서 자존감이 떨어져 있는 경우가 많습니다. 그래서 집에서는 잘할 수 있는 일도 정작 학교에서는 제대로 하지 못할 때가 있습니다. 아이가 좋아하거나 잘하는 것을 자신감 있게 친구들에게 전달할 수 있도록 용기를 북돋워주세요.

10. 사회적 기술과 유대감을 조성한다

흔히 붙임성이 좋은 아이를 사회성이 좋은 아이로 오해하곤 합니다. 하지만 정말 사회성이 좋은 아이는 갈등이 생겼을 때 잘 조절하는 아이입니다. 충동성이 강하고 산만한 아이도 모르는 사람에게 쉽게 말을 걸지만 관계를 유지하기는 어려워합니다. 그래서 학기 초에는 친구가 많다가 시간이 지날수록 친구가 떨어져 나가는 일이 반복됩니다. 그 결과, 산만한 아이는 사회적 기술을 배울 기회를 많이 얻지 못합니다. 사회성은 부익부 빈익빈이어서 어린이집 시절부터 또래 관계가 어려운 아이는 갈등 해결 능력이 부족하고, 어려서부터 사회성이 좋은 아이는 점점 더 많은 친구와 관계를 맺고 갈등을 해결하는 경험을 쌓아가게 됩니다.

아이에게 최초로 갈등 해결 능력을 보여주는 사람은 다름 아닌 부모입니다. 부모가 행한 보상과 처벌이라는 양육 방식은 아이에게 문제 해결의 기준이 됩니다. 그래서 폭력적인 체벌을 반복하는 부모에게서 자란 아이가 친구들에게도 폭력성을 드러내는 것입니다. 불필요한 체벌은 어떤 상황에서도 아이의 사회성을 기르고, 갈등을 해결하는 능력을 키우는 데 도움이 되지 않습니다.

학교생활은 사회를 연습하는 곳이에요

산만한 아이들은 창의적이고 톡톡 튀는 생각과 행동이 늘 머릿속에 가득하기 때문에 자기주장을 다소 강하게 하기도 합니다. 학교생활은 기본적으로 친구들과 어울려 '감정 조절 방법을 배우는 시기'라고 할 수 있습니다. 즉, 학교에서는 사회성이 완성된 상태를 보여주기 어렵습니다. 따라서 사회성이 좋은 아이에 대한 일반적인 인식을 바꾸는 과정이 필요합니다.

친구들과 전혀 싸우지 않는 아이가 사회성이 좋은 아이일까요? 아닙니다. 오히려 친구들과 다툼이 있어도 이야기하면서 감정을 풀거나 부모의 도움으로 자신이 마주한 갈등 상황을 이해하는 아이가 사회성이 좋은 아이입니다. 그렇기 때문에 산만한 아이가 지닌 창의적 재능과 잠재력은 의사소통 능력만 따라주면 또래 친구들의 인기를 독차지할 수 있는 좋은 밑바탕이 될 수 있습니다.

종종 ADHD나 아스퍼거 증후군 진단을 받은 경우, 부모가 크게 실망하여 아이의 모든 문제 행동을 질환 탓으로 돌리기도 합니다. 하지만 질환과 아이가 학교생활에서 보이는 문제의 원인이 반드시 일치하는 것은 아닙니다. 또 또래 아이들이 충분히 보일 수 있는 정상적인 모습까지 문제 행동으로 여긴다면 이후 아이의 자존감도 크게 낮아질 수 있으니 각별한 주의가 필요합니다.

학습 지능을
올리는 법

30대 워킹맘 지은 씨는 일곱 살 아들 현우가 초등학교에 입학하기 전에 한 센터를 방문해 지능 검사를 받았습니다. 현우가 미술이나 블록 등에는 관심이 많지만, 학습과 관련한 부분에는 흥미를 전혀 느끼지 못했기 때문입니다. 기대 반 걱정 반으로 검사받고 결과를 기다렸습니다. 검사 결과, 현우의 지능 지수가 기대보다 낮았고 또래보다도 결과가 좋지 않았습니다. 같이 검사받은 아이의 엄마들은 아이들의 지능 지수를 공유했지만, 현우 엄마는 괜히 검사 결과를 말하기가 꺼려집니다.

아이의 낮은 지능 지수, 절대적일까?

많은 엄마가 아이의 지능 지수와 관련한 질문을 자주 합니다. 특히 유전적인 영향으로 지능 지수가 나쁜 것은 아닌지 묻고는, 아이 아빠의 지능 지수를 탓하기도 합니다. 지능 지수가 곧 지능이면서 타고난 능력이고, 지능을 개선시켜주는 것은 힘들다고 여기기 때문에 많이들 걱정합니다.

지능은 글자 그대로 지적인 능력을 의미합니다. 배우고, 이해하고, 계획하고, 문제를 해결하는 능력이지요. 하지만 지능이 높고 낮음은 수치일 뿐입니다. 사람의 뇌는 서로 다른 기능을 하는 여러 영역으로 이뤄져 있고, 또 사람들은 다양한 환경에서 살아가기 때문에 지능에 대해서도 단순히 높고 낮음이 아닌 여러 측면에서 복합적으로 파악돼야 합니다.

또 지능은 환경적인 요소를 통해 변화시킬 수 있는 능력입니다. 따라서 아이의 지능 지수가 낮다고 실망하기보다 아이에게 도움을 줄 수 있는 후천적인 요인을 탐색해보는 것이 현명한 대응입니다.

지능은 후천적으로 향상될 수 있다

학자들 사이에서도 지능 선천론자들과 지능 환경론자들 간의 논쟁은 아직도 끊이지 않고 있습니다. 하지만 그간 여러 연구를 통해 지능이 환경적인 요소를 통해 향상될 수 있다는 사실이 밝혀졌습니다.

뉴욕대학 존 프로츠코, 조슈아 애런슨, 클랜시 블레어 연구팀은 어린이의 지능 향상을 위해 고안된 프로그램을 통해 지능 향상 데이터베이스Database of Raising Intelligence; DORI를 만들었습니다. 이 데이터베이스는 일반적이고 비임상적인 표본을 연구한 결과만 포함했고, 특정한 임상적 조건(ADHD나 지적 장애를 대상으로 한 연구)을 가진 표본을 연구한 사례는 제외했습니다.

연구팀은 태아기부터 6세까지 대략 4만 명의 어린이를 대상으로 네 종류의 프로그램을 통해 지능 지수를 높이는 데 성공했습니다. 즉, 지능 지수는 후천적인 영향으로 향상될 수 있다는 것입니다.

산만한 아이도 학습 지능을 높일 수 있다

《공부 못하는 아이로 살아가는 것》의 저자 리처드 A. 에반스는 앤젤로주립대학의 부교수이자 특수 교육 프로그램의 지도 교수입니다. 그는 ADHD와 학습 장애 진단을 받고 고등학교를 자퇴하기도 했습니다.

그의 책은 학습에 어려움을 겪고 있는 학생, 가족, 교사들에게 희망을 주기 위해 자신의 경험을 담은 내용으로, 큰 주목을 받았습니다. 내 장점이 무엇인지, 어떻게 자존감을 확립할 수 있는지, 어떤 방식으로 학습해야 하는지 알면 자신의 잠재력을 충분히 발휘할 수 있다는 것이지요.

에반스 교수는 그의 책을 통해 어렸을 때부터 반복적으로 실패를 경험했고, 친구들의 놀림을 받아 자존감이 낮았다고 이야기합니다. 학교에서도 선생님의 지시를 잘 따르지 못했고, 주의력에도 문제가 있었습니다. 글자를 반대로 쓰거나 단어를 잘 기억하지 못해서 읽기에 어려움도 겪었습니다.

하지만 5학년 때 친구들에게 큰 선물을 받았습니다. 평소 선생님의 설명만으로는 이해하지 못했던 내용(예를 들어 '동사'에 동그라미를 치라)을 친구들이 쉬운 말('움직임 단어'에 동그라미를 치라)로 설명해주었습니다. 그러자 성적이 오르기 시작했습니다.

에반스 교수에게는 지시를 읽고 따르는 것이 엄청나게 어려운 일이었기 때문에 새로운 학습 방법을 발견한 일은 선물이나 다름 없었습니다. 이렇게 자존감을 회복한 그는 현재까지 자신의 강점과 재능에 집중하여 학습하고 있다고 합니다.

마찬가지로 산만하거나 충동성이 강한 아이, 움직임이 둔한 아이들은 뇌가 정보를 받아들이고 처리하는 속도가 느릴 수는 있지만 학습 자체를 못 하는 것은 아닙니다. 지능이란 본질적으로 문제를 해결하는 능력, 새롭게 배우고 환경에 적응하는 능력이기 때문에 아이에게 맞는 학습법을 찾는다면 아이는 자신의 잠재력을 발휘하며 뜻하지 않은 선물을 안겨줄 수 있습니다.

예를 들어 아이가 직접 표정이나 이미지를 봐야 상황에 대해 쉽게 이해한다면 시각적인 정보를 이용한 학습 방법이 효과적일 수 있습니다. 그런데 기존의 학교나 학원이 듣는 방식, 어려운 상징을 이용하는 수업 방식을 강요하면 아이의 학습 효율은 크게 떨어질 수밖에 없습니다. 나아가 학습에 대한 심한 거부감으로 장기적인 문제가 생길 수도 있습니다.

그렇기 때문에 아이가 시각 정보를 잘 처리하는지, 청각 정보를 잘 처리하는지에 따라 적절한 학습법을 제공하면, 문제 해결 능력이 향상되어 지능 지수에도 긍정적인 영향을 줄 수 있습니다.

우리는 살면서 다양한 실패를 경험하고, 이는 성장의 자양분이 됩니다. 아이도 마찬가지입니다. 아이가 어려움을 관리하고 자기 앞에 놓여 있는 장애물을 극복할 수 있도록 돕는 것이 부모의 역할입니다.

연령별로 학습 지능을 올리는 법

지능 지수가 낮다고 걱정하는 것보다 아이의 지능 지수를 올릴 수 있는 환경을 만드는 것이 중요합니다. 가정에서 도움을 줄 방법은 취학 전에 집중적인 조기 교육을 하는 것입니다.

5세 이하 유아들은 상호 작용식의 읽기를 하는 것이 가장 중요합니다. 상호 작용식 읽기란, 부모가 아이와 함께 책을 읽으면서 아이에게 열린 질문을 던지고 답을 생각하도록 아이를 격려하며 책에 흥미를 보이도록 반응하는 방법입니다. 이러한 읽기를 빨리 시작할수록 효과도 커서, 유아의 경우 지능 지수가 6점 이상 상승했다는 연구 결과도 있습니다.

상호 작용할 수 있는 환경에 자주 노출될수록 지능 지수 향상에 도움이 됩니다. 그래서 이 같은 교육을 반복적으로 실시하면 실제로 신경학적인 변화가 생깁니다. 신경에서 이루어지는 정보의 타이밍 처리, 운동 계획, 순차적인 정보 처리 능력이 향상되어, 학습이 부진하거나 주의가 산만한 아이들에게 효과적입니다.

앞서 말했듯이 지능 지수가 지능의 전부는 아닙니다. 대부분의 지능 검사는 정보와 어휘 수준을 측정하기 때문입니다. 학습 능력을 키우고 싶다면 두뇌의 고속도로 역할을 하는 백질의 신경로 시스템을 조정하여 두뇌 연결성을 높이고, 전반적인 인지 기능과 작업 기억, 실행 기능을 향상하는 것이 더 중요합니다.

학습 지능이 낮은 아이 이렇게 도와주세요

1. 마트에 가기 전에 가격을 계산해요

마트에 가기 전, 사야 할 물건과 가격을 적고 아이와 함께 계산해보세요. 덧셈이 어려운 나이라면 물건의 범주를 함께 구별하고 마트에서 다시 한 번 확인시켜주세요.

2. 박물관이나 놀이공원에서는 지도를 보게 하세요

박물관이나 놀이공원 지도를 보고 스스로 찾아가게 지도해주세요. 아이의 동기가 충분한 상태에서 지도 찾기를 하면 공간 지능이 발휘되는 유익한 놀이가 될 수 있어요.

3. 장기나 체스 게임을 해요

장기나 체스를 가르쳐주세요. 체스는 말이 입체적이어서 아이들이 쉽게 흥미를 갖고, 전투를 상징적으로 변형한 보드게임이기 때문에 공간 지능뿐 아니라 추상적인 능력까지 북돋을 수 있습니다. 특히 체스 말의 움직임과 그 결과를 예상하는 능력은 인과 관계뿐 아니라 시각적 상상력을 자극하는 데 큰 도움이 됩니다. 실제 체스의 대가들은 시각적 심상을 머릿속에서 조작하는 능력이 뛰어나고 특별한 종류의 시각 기억력을 가지고 있다고 알려진 바 있습니다.

4. 초등 입학 전 한글, 숫자를 미리 습득하게 해주세요

초등학교에 입학하기 전, 학습의 기초가 되는 글자나 숫자에 익숙하게 해주면 학교 공부를 할 때 많은 도움이 됩니다. 하지만 공부에 필요한 지식을 늘려주는 것보다 더 중요한 것이 있습니다. 바로 수업이나 주어진 과제를 잘 수행하기 위해 필요한 집중력을 길러주는 것입니다.

5. 가정에서 학습 시간을 연습하세요

생각보다 많은 아이가 30~40분가량 진행되는 수업에 주의를 기울이고 집중하는 것에 힘들어합니다. 또 초등학교 저학년 아이들은 이제 막 전두엽이 발달되는 단계에 있기 때문에 평균적으로 15~20분 정도 주의를 집중할 수 있습니다. 따라서 이러한 생물학적인 발달 시계를 고려해서 가정에서도 학습 시간을 정해주세요. 예를 들어 저녁밥을 먹기 전에 20분 동안 반찬, 식재료에 대한 책을 읽거나, 어떤 과정을 거쳐 식물과 동물이 식탁에 오르게 되었는지 알려주면서 세상의 여러 가지 것들이 서로 연결되어 있다는 점을 이야기해주는 것도 좋은 방법입니다.

단기 집중력을 높이고 싶다면?

온통 새로운 것투성이인 학교에서 수업에만 집중하기란 여간 힘든 일이 아닙니다. 따라서 아이가 학교 공부에 잘 적응하기를 바란다면 자신이 해야 하는 일에 집중력을 유지할 수 있는 능력인 주의 집중력을 길러주는 것이 중요합니다. 주의 집중력은 단기간에 습득하기 힘들지만 부모가 평소 아이의 생활 습관에 개입해 꾸준히 주의 집중 경험을 만들어주면 향상될 수 있습니다.

1. 아이의 집중 시간을 파악해주세요

주의 집중력을 기르기 위해 부모는 아이가 집중할 수 있는 시간이 얼마나 되는지 파악해야 합니다. 특히 아이의 발달 연령에 따라서 집중할 수 있는 시간이 달라지기 때문에 무조건 정해진 시간을 강요하는 것은 피해야 합니다. 이때 주의할 점은 게임이나 놀이 등 아이가 선호하는 활동을 할 때 집중하는 시간이 아니라 지루하고 하기 싫지만 해야 하는 일을 할 때 집중하는 시간을 파악하는 것입니다. 예를 들어 여섯 살 아이가 뽀로로를 한 시간 동안 집중해서 본다고 해서 주의 집중력이 높다고 말할 수는 없습니다. 그렇기 때문에 자신의 호불호와 무관하게 해야 할 일을 얼마나 오래, 일관되게 집중할 수 있는지 살펴봐야 합니다.

2. 약속된 시간에 할 수 있는 과제를 내주세요

아이의 집중 시간을 파악했다면, 그 시간 안에 완료할 수 있는 과제를 설정해주고 약속한 시간 안에 주어진 과제를 해결하는 경험을 하게 해주세요. 꼭 학습과 관련한 과제가 아니어도 괜찮습니다. 장난감을 정리하거나 그림책을 보는 일, 동생과 놀아주는 것도 좋습니다. 아이가 과제를 끝낸 뒤에는 대화를 통해 과제 하는 동안 느꼈던 기분이나 소감 등을 나눠보고, 아이가 얼마나 밀도 있게 과제를 수행했는지 점검하는 노력도 필요합니다.

3. 집중 시간을 점점 늘려가며 보상해주세요

훈련을 통해 특정 시간 동안 아이가 충분히 주의 집중력을 발휘할 수 있다고 판단되면, 과제 수준을 높여가며 집중력을 유지하는 시간을 늘려주세요. 이때 아이가 평소보다 더 오래 참고 집중했다면 칭찬하거나 자신이 하고 싶어 하는 활동을 하게 해주는 등 보상을 통해 동기 부여하는 것도 중요합니다. 집중 시간을 단계별로 늘려주면 아이가 학교에서 수업이나 새로운 학습 과제를 하는 데 큰 도움이 됩니다. 생활에서 실천할 수 있는 주의 집중력 훈련을 통해 아이 스스로 능동적으로 학습해나갈 수 있는 기본적인 소양을 마련해주세요.

지능 검사의 방법과 신뢰성

전 세계적으로 가장 널리 사용되는 지능 검사는 웩슬러 지능검사 Wechsler intelligence scale입니다. 이 검사는 지적 능력뿐 아니라 개인의 성격적인 특성과 문제 해결 방식을 이해하는 데 많은 도움을 줍니다.

일반적으로 만 7세 전후로 시행되는 웩슬러 지능검사의 결과를 통해 20세 이후 성인 시기의 지능을 높은 신뢰도로 예측할 수 있습니다. 그렇기 때문에 무려 12년에 이르는 긴 정규 교육을 시작하는 시점에 지능검사를 받는 것은 아이의 강점과 약점을 파악할 수 있는 중요한 기준이 됩니다.

웩슬러 지능검사는 나이에 따라서 검사 방식도 달라집니다. 아동용 검사로는 5세부터 15세까지 받을 수 있는 아동용 웩슬러 지능검사와 최근 업데이트된 한국 아동용 웩슬러 지능검사(6~16세)가 있습니다. 한국 아동용 웩슬러 지능검사 5판(k-WISC-V)은 '언어이해', '유동추론', '시공간', '작업기억', '처리속도'라는 다섯 가지 범주로 지적인 능력을 측정합니다.

가장 많이 시행되는 한국 아동용 웩슬러 지능검사는 실생활에서 습득한 지식을 측정하기 때문에 평소 아이가 친구들과 나눈 이야기, 언어 개념 등을 확인하는 데 도움이 되고, 토막 짜기Block Design나 미로 등 인지적인 정보를 얼마나 효율적으로 처리할 수 있는지에 대한 지적인 잠재력을 알려줍니다.

이렇게 얻어진 전체 지능 지수는 아이의 '현재' 인지 기능에 대한 중요한 정보를 갖지만, 불변하는 점수가 아닌 일정한 한계 내에서 변화될 수 있다는 점을 잊지 말아야 합니다. 종종 웩슬러 검사 결과를 보고 충격과 실망감에 잠을 설치는 부모들도 있습니다. 하지만 검사 결과는 아이의 지능을 확정하는 것이 아닙니다. 지금 아이에게 필요한 보완점을 정확하게 짚어주는 성적표라고 이해하는 것이 바람직합니다.

예를 들어 우울감이 높은 아이는 자신의 잠재 능력을 충분히 발휘하기 어려울 수 있어 낮은 전체 지능을 보일 수 있지만, 우울감이 개선되고 또래 관계나 부모와의 관계가 개선되면 전체 지능 지수가 개선되는 경우도 많습니다.

열심히 공부해도
좋은 성적이 나오지 않는다면

열한 살 수연이의 엄마는 수연이가 학교에서 아이들에게 자꾸 놀림을 받아 골머리를 썩고 있습니다. 수연이는 침착하고 얌전한 이미지와 달리 덤벙대고 사소한 교칙을 위반하는 일이 잦습니다. 그래서 친구들에게 '수연이는 원래 그런 아이'라는 꼬리표가 붙었습니다. 사흘 전에는 실내화를 신고 운동장에 나갔다가 교무실에 불려가기도 했고, 7월부터는 반드시 하절기 체육복을 입기로 했다는 소식을 들었으면서도 반에서 혼자 긴 체육복을 입고 나오기도 했습니다. 이런 이야기를 아무렇지 않게 하는 수연이를 보면 엄마는 앞으로 수연이가 남은 학교생활을 어떻게 해나갈지 눈앞이 막막합니다. 게다가 늘 열심히 노력하고 숙제도 꼬박꼬박하는데 공부하는 시간에 비해 결과가 늘 초라하다 보니, 아이가 점점 주눅 드는 것 같아 안쓰러울 뿐입니다. 어떻게 해야 좋을까요?

수업 태도도 좋고 공부도 열심히 하는데 학업 성취도가 떨어지는 아이들이 있습니다. 이처럼 노력에 비해 학업 성과가 떨어지면 학습에 의지를 가지고 있던 아이라도 좌절하거나 풀이 죽어 학습에 흥미가 떨어집니다. 왜 열심히 공부하는데도 성과가 좋지 못할까요?

바로 학습 능률이 떨어지기 때문입니다. 학습 과정에서 두뇌의 종합적인 정보 처리 속도가 보통 아이들보다 더뎌 많은 시간을 할애해도 실제 이해하거나 습득한 정보의 양이 현저히 적은 것이죠. 아이의 학습 능률은 '작업 기억력working memory'과 관련이 깊습니다. 작업 기억력이란 필요한 정보를 잠깐 기억해두었다가 바로 이어지는 다른 작업에 활용하는 능력을 말합니다. 예를 들어 스마트폰 애플리케이션으로 물건을 사고 결제할 때 '376950'과 같은 인증 번호를 문자로 받습니다. 이때 인증 번호를 잠시 외웠다가 스마트폰에 입력하는 능력이 바로 '작업 기억력'입니다. 말 그대로 특정한 작업을 할 때 필요한 기억력이지요. 작업 기억력이 떨어지면 책을 읽거나 공부를 할 때 연속적인 정보를 습득하고 처리하는 속도가 느려 학습 효율이 크게 떨어집니다.

기억력은 학습에 있어 정말 중요한데, 일반적으로 '기억력이 좋다'고 말하는 의미는 바로 '장기 기억력long-term memory'이 좋다는 의미입니다. 그런데 이러한 장기 기억력이 입력되기 위해서는 반드시 그전에 '단기 기억력short-term memory'이 효과적으로 입력돼야 합니다. 단기 기억이 반복돼야 뇌세포 사이의 연결이 강해지면서 비로소 장기 기억이 형성되는데, 이것이 학습의 기본 원리입니다. 그리고 이러한 단기 기억 입력의 첫 단추가 바로 작업 기억력이지요.

그런데 이 작업 기억력은 비단 학습에만 관련된 것이 아닙니다. 정보 입력의 효율성과 직접 관련된 능력이 바로 작업 기억력인데, 작업 기억력에 문제가 있으면 방금 들은 말도 까먹고 횡설수설하고 엉뚱한 내용만 기억합니다. 그래서 친구들과 놀 때 놀이 규칙을 제대로 파악하지 못해 아이들이 '쟤는 항상 엉뚱한 이야기만 하고… 바보 같아'라는 부정적인 반응을 경험할 수 있지요. 수연의 사례도 그렇듯이 작업 기억력이 떨어지는 아이는 학교 과제를 제대로 챙기지 못하거나 엉뚱한 복장을 착용해서 놀림당할 수도 있습니다. 심하면 사회적인 활동에서 배제될 수 있습니다.

학습 효율을 올리는 뇌과학 전략

사람은 상황에 맞게 생각하고 기억을 저장할 수 있습니다. 길을 걷다 우연히 아는 사람을 만나게 되면 우리는 그 사람과 나눈 대화, 표정들을 기억할 수 있습니다. 그리곤 며칠 후, 아는 사람을 만났다는 사실을 까맣게 잊고 지내다가 또다시 그 거리를 걸어가면 불현듯 '아, 여기서 그때 지인을 우연히 만났었지!'라고 깨닫게 되지요. 왜 그럴까요? 우리의 뇌는 보고 들은 모든 것을 그 자체로 기록하고 저장하지 않고 상황과 맥락에 맞게 기억하기 때문입니다. 이렇게 기억을 저장할 때 중요한 맥락까지 함께 저장되는 현상을 '맥락부호화'라고 부릅니다.

1975년 영국의 심리학자 던컨 고든Duncan Godden과 앨런 배들리 Alan Baddeley는 이와 관련한 유명한 실험을 발표합니다. 이들은 잠수부들에게 몇 가지 단어를 암기하도록 했는데, 어떤 단어는 땅 위에서 외우게 하고 다른 단어는 물속 깊이 들어가서 외우게 했습니다. 그리고 지상과 물속 두 곳에서 단어 시험을 보았는데 잠수부들은 땅에서 외운 단어는 지상에서, 물속에서 외운 단어는 잠수한 상태에서 더욱 잘 기억해냈습니다. 이와 비슷한 실험은 이후로도 계속 이어졌습니다. 학생들을 절반으로 나누어 시끄러운 환경과 조용한 환경에서 공부를 시킨 다음, 다시 시끄러운 환경과 조용한 환경에서 시험을 보게 했습니다. 그 결과 시끄러운 환경에서 공부한 학생들은 시끄러운 시험장에서 시험을 더 잘 보고, 조용한 환경에서 공부를 한 학생들은 조용한 환경에서 시험을 더 잘 보았습니다.

실험이 의미하는 것은 명확합니다. 우리가 '기억을 할 때'와 '기억을 떠올릴 때'의 상태나 환경이 비슷할수록 기억은 더 잘 떠오른다는 것이지요. 마찬가지로 공부를 할 때 효과적으로 기억을 하는 방법 역시 맥락 효과를 이용하면 효과적입니다. 같은 내용을 물어보더라도 시험 문제의 '형식'이 공부할 때 나왔던 '형식'과 비슷할수록 성적이 더 좋고 더 많은 양을 암기할 수 있습니다. 그래서 학습량이 늘어나는 고학년 시기를 대비하기 위해서는 교실과 유사한 환경에서 공부하도록 만들어주거나 기출 문제를 중심으로 '형식'에 익숙해지도록 돕는 것이 학습 효율을 높이는 데 굉장히 중요합니다.

맥락 부호화 현상은 단순히 공부하고 기억을 잘 저장하는 데만 적용되지 않습니다. 좋은 습관을 만들거나 나쁜 습관을 고치는 데도 활용할 수 있습니다. 예를 들어 침대에서 휴대폰을 들여다보거나 다른 것을 하지 않고 잠만 자는 행동을 반복하면, 침대라는 장소와 잠자는 행위가 일대일로 대응되어 잠들기까지 오랜 시간이 걸리는 문제를 예방할 수 있습니다. 반대로 책상 앞에서 노는 습관이 붙으면 공부하려고 앉아도 놀 생각을 하게 되기 때문에 아예 나가서 노는 편이 더 낫습니다. 공간에 따라 자연스럽게 따라오는 행동 습관을 잘 이용하면 좋습니다. 집 안에서 공부 공간과 생활 공간을 구분해주는 것은 기억을 입력하는 효과적인 방법이 됩니다.

복습이 중요한 이유

심리학에서 기억을 분류하는 방법은 다양하지만, 일반적으로 장기 기억과 단기 기억이라는 큰 줄기로 나눌 수 있습니다. 장기 기억이란 가족의 이름이나 사건에 대한 기억 등 오랜 기간 저장되어서 언제든지 활용할 수 있고 꺼내어 쓸 수 있는 기억으로, 저장 용량이 매우 큽니다. 반면 단기기억은 지속 시간도 짧고 한꺼번에 저장되는 용량도 7~8개 남짓인 기억입니다. 심리학적 관점에서 공부란, 순간에 사라질 수 있는 단기 기억을 장기 기억으로 전환시키는 과정이라고 할 수 있습니다.

최근에는 단기 기억의 특성 중에서도 '현재 사용 중이면서 강하게 활성화되고 있는 기억'이라는 의미에서 '작업 기억력'이라는 용어도 혼용하고 있습니다. 앞서 예로 들었던 인증번호를 입력하기 위해 잠시 기억하는 능력인 작업 기억은, 당장 해야 할 일을 위한 기억이기 때문에 금세 머릿속에서 사라집니다. 1시간 전에 입력했던 휴대폰 인증번호 여섯 자리를 다시 기억해내는 게 어려운 것처럼 말이지요.

그런데 이처럼 쉽게 증발되는 작업 기억을 붙들어두는 법은 단순합니다. 증발되기 전에 같은 내용을 반복하는 것입니다. 심리학자 헤르만 에빙하우스Hermann Ebbinghaus는 인간의 망각을 연구하면서 놀라운 연구 결과를 발표했습니다. 새로운 내용을 배운 뒤 공부

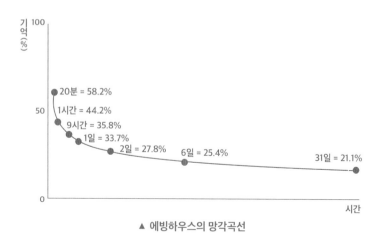

기억(%)

100

50

20분 = 58.2%
1시간 = 44.2%
9시간 = 35.8%
1일 = 33.7%
2일 = 27.8%   6일 = 25.4%
31일 = 21.1%

0

시간

▲ 에빙하우스의 망각곡선

한 것이 얼마 동안 유지되는지 실험을 통해 알아낸 것입니다. 이를 정리한 그래프를 '에빙하우스 망각곡선'이라고 부릅니다.

에빙하우스에 따르면, 대부분의 사람은 공부를 하자마자 배운 내용을 잊기 시작합니다. 뇌의 기능에 아무런 이상이 없다고 해도 배운 내용의 절반 가까이 잊고 시작하는 것이 일반적이라는 것입니다. 불과 20분 만에 41.8%의 내용이 증발해버리고 맙니다. 따라서 공부한 내용을 오래 기억하고 학습 목표를 달성하기 위해서는 반복 학습과 시간 간격을 두고 여러 번 동일한 내용을 공부하는 '분산 학습'이 효과적입니다. 예습은 앞으로 배우게 될 내용을 준비하고 숲을 보게 해주는 것이고, 복습은 나무를 볼 수 있게 합니다. 따라서 기초적인 개념을 이해하고 암기하기 위해서는 예습과 복습이 적절하게 섞여야 합니다. 특히 예습 시간은 상대적으로 짧고 굵게, 복습 시간은 아이가 소화할 수 있을 만큼의 긴 시간 반복하는 것이 효과적입니다.

조용한 ADHD 성향을 가진 아이들은 글을 읽는 속도뿐만 아니라 연산을 하는 속도도 느린 경우가 많습니다. 한번에 할 수 있는 학습량도 또래 아이들에 비해 절대적으로 부족한 상황에서, 망각곡선에서 알 수 있듯 반 이상은 사라지기 때문에 좀처럼 학습 효율을 올리기 힘든 것도 사실입니다.

하지만 중요한 것은 아이에게 실망하는 표현을 보이거나 꾸짖지 말아야 한다는 사실입니다. 각성도가 조금 떨어지는 멍한 아이라고 해서 이해력이 뒤처지거나 지능이 낮은 것은 아닙니다. 산만한 아이에게 필요한 것은 아이의 속도를 기다려주고 격려하는 따뜻한 시선입니다. 아이들은 언제나 부모의 인정과 칭찬을 갈망합니다. 따라서 부모의 응원과 정서적 지지가 충분하다면, 아이는 복습과 분산 학습을 통해 목표 지점에 도달할 수 있습니다.

초등부터 중등까지의 학습은 누적된 지식이 점차 얽히고설키며 점진적으로 확장되기 때문에 초등 저학년부터 반복학습을 해나가면, 고학년이 되어서는 배경 지식을 바탕으로 학습 효율을 더욱 올릴 수 있습니다. 이를 스노우볼 효과snow ball effect라고 할 수 있는데, 마치 언덕 위에 있던 작은 눈덩이가 언덕을 구르며 내려가는 어느 순간을 지나면 걷잡을 수 없이 불어나는 것처럼, 누적된 학습의 힘 또한 결코 무시할 수 없는 것이 사실입니다.

어린 시절 독서의 효과

캐나다의 심리학자 엔델 툴빙Endel Tulving은 사람의 기억을 체계적으로 분류했습니다. 툴빙은 장기 기억을 서술 기억과 절차 기억으로 구분하는데, 서술 기억이란 '미국의 수도는 워싱턴이다' 같은 사실에 대한 기억이고, 절차 기억은 자전거 타는 법처럼 운동이나 기술에 대한 기억을 말합니다.

서술 기억은 의식적으로 떠올리는 과정을 반드시 거쳐야 하기 때문에 '명시적 기억'이라고 부르고, 우리 뇌의 해마라는 영역에서 기능을 담당하고 있습니다. 학습에서 중요한 역할을 하기 때문에 해마의 기능을 올려주기 위해서는 8시간 정도의 충분한 수면이 반드시 필요합니다.

한편 절차 기억은 여러 차례 반복되면서 체화되는 기억이라 무의식적으로 발현되기 때문에 '암묵적 기억'이라고 부릅니다. 절차 기억의 특징은 자율주행하는 자동차처럼 반복되는 일을 힘들이지 않고 별다른 생각 없이 할 수 있게 떠받쳐준다는 점입니다. 마치 의식하지 않고 걸으면서 음악을 듣거나 계단을 올라가는 것처럼 말이지요. 유아기 때는 걷기 위해서 의식적인 노력이 필요하지만, 걷는 행동이 반복되면서 절차 기억으로 저장되고 뇌의 자원을 더 이상 걷는 데 사용하지 않아도 되는 것입니다. 따라서 절차기억은 일종의 습관이라고 할 수 있습니다. 습관의 장점은 보다 어려운 과제를 서술 기억으로 받아들일 수 있도록 배경 지식이 되어준다는 점입니다.

평소 신문 기사를 읽을 때를 생각해보세요. 관용적인 표현이나 조사 등은 절차 기억으로 시선이 자동 처리되고, 어려운 단어나 낯선 사건에 대한 내용이 나타났을 때 비로소 서술 기억을 활용하면서 의식적으로 고민하고 주의력을 발휘하게 됩니다. 아이가 필요한 글을 빠르게 읽고 이해하기 위한 바탕에는 절차 기억과 서술 기억의 적절한 활용이 필요합니다. 이러한 절차 기억을 쌓기 위해 저학년 시기부터 독서량을 늘려가는 것이 도움이 됩니다.

학습 능률을 올리는 첫걸음

아이가 열심히 공부하는데 성취도가 좋지 않다면 무작정 공부 시간을 늘리기보다 작업 기억력을 올릴 수 있도록 도와줘야 합니다. 아이들의 작업 기억력을 올려주기 위해 가정에서 가장 먼저 실천해야 할 것은 양질의 수면을 보장해주는 것입니다. 자는 동안 두뇌 신경 세포 간의 연결망이 강화되어 단기 기억을 장기 기억으로 전환하고, 상황에 따라 기억을 꺼내 활용할 수 있는 종합적인 기억 능력이 향상되기 때문입니다.

부모와 함께 놀면서도 아이의 작업 기억력은 향상될 수 있습니다. 대표적인 것이 '말 따라 하기'입니다. 부모가 한 말을 순서대로 따라 하는 놀이로, 작업 기억력뿐 아니라 청지각 능력과 어휘력도 향상시킬 수 있습니다. 처음부터 너무 긴 문장으로 시작하기보다 3~4개 단어로 된 짧은 문장으로 시작하는 것이 좋습니다. 아이가 순서대로 잘 따라 하면 단계적으로 긴 문장을 따라 할 수 있도록 유도하는 것이 좋습니다.

말 따라 하기 과제를 무리 없이 수행했다면, 다소 복잡한 심부름을 시켜보는 것도 좋습니다. 아이들은 부모와 마트에 가는 것을 좋아하는데, 마트는 그 자체로 풍부한 인지 기능 테스트 공간이라고 봐도 무방합니다. 사야 할 물건을 빨리 찾고 기억함으로써 언어 기억의 폭을 시험해볼 수도 있고, 품목들을 바로바로 찾아가는 놀이 형식의 장보기를 통해 언어 범주 능력을 키울 수도 있습니다.

아이의 두뇌는 '발달 과정'에 있으므로 이처럼 간단한 생활 습관 교정과 놀이를 통해서도 떨어진 작업 기억력을 올릴 수 있습니다. 아이의 학업 성취도가 낮다고 해서 '우리 아이는 머리가 나쁘다'라고 단정 짓거나 무리하게 공부 시간을 늘려 아이에게 스트레스를 주기보다 학습 효율을 높일 수 있도록 도와주는 것이 필요합니다.

잘 까먹는 아이 이렇게 도와주세요

1. 푹 잘 수 있도록 도와주세요

유아기의 렘수면은 뇌 발달을 촉진시킵니다. 특히 4~7세 아이들은 렘수면의 비율이 전체 수면의 40%에 달하는 것으로 알려져 있습니다. 렘수면 동안 아이들은 낮에 접한 새로운 정보들을 기존에 알고 있던 지식들과 대조하고 새롭게 연관을 짓습니다. 잠을 자는 동안 낡은 지식은 버리고, 새로 알게 된 것과 연관성이 깊은 지식은 더 강하게 기억하게 되는 것이죠. 잠은 아이의 기억력을 향상시키는 데 매우 큰 도움이 됩니다.

아이 방이 밤에도 밝다면 암막 커튼을 치고, 이불이 불편해 잠을 뒤척인다면 침구를 바꾸는 것도 좋습니다. 아이가 밤 10시에 잠들어 최소 여덟 시간은 푹 잘 수 있게 도와주세요.

2. 마트에서 장보기에 동참시키세요

마트에 가서 최소한 다섯 가지 이상의 품목을 아이 스스로 카트에 담도록 과제를 내주세요. 채소, 라면과 같은 일상적으로 접하는 범주의 품목과 세제, 조미료 같은 다소 추상적인 범주의 품목을 적절히 섞어주세요.

3. 매일 급식 메뉴가 어땠는지 물어보세요

점심 급식은 매일 반복되는 이벤트지요. 아이에게 급식 때 나왔던 반찬이나 점심시간과 관련된 일상을 묻고 이야기 나눠보세요. 이야기나 상황과 함께 기억이 저장되는 것이 좋습니다.

4. 낱말 이어 말하기 놀이를 하세요

낱말 이어 말하기 놀이를 해주세요. 예를 들어 '곤충' 이름을 말하자고 하면서 아이와 부모가 번갈아 가며 곤충 이름을 말합니다. 여기서 중요한 것은 곤충 이름을 말한 후 반드시 앞에서 이야기한 곤충 이름과 함께 새로운 이름을 말해야 한다는 것입니다. 예를 들어 아이가 먼저 '잠자리'를 이야기하면 부모가 '잠자리, 메뚜기', 아이가 이어서 '잠자리, 메뚜기, 사마귀'와 같이 외울 수 있는 이름을 최대한 늘려나가는 것이지요.

5. 기억력 트레이닝 애플리케이션을 활용해보세요

온라인이나 애플리케이션 등으로 쉽게 접할 수 있는 간단한 기억력 트레이닝 프로그램을 이용해보는 것도 도움이 됩니다. 'N-Back' 테스트가 가장 보편적인데, 다양한 시청각 정보를 제공하고 정보가 사라진 뒤 해당 정보를 기억해 정답을 제출하는 방식의 프로그램입니다. 단계별로 점점 어려운 것을 기억해야 하도록 구성되어 있어 아이가 게임처럼 흥미를 느끼고 작업 기억력을 향상시킬 수 있습니다.

친구를 자꾸
괴롭히는 아이

여섯 살 시훈이 부모는 어린이집에서 친구들에게 과격하고 엉뚱한 언행으로 친구를 제대로 사귀지 못하는 아들 때문에 걱정이 많습니다. 처음에는 장난이 좀 심한 편이긴 해도 남자아이들의 자연스러운 행동이라 생각하고 크게 걱정하지 않았습니다. 하지만 올해 반이 바뀌면서 친구들에게 침을 뱉거나 콧물을 묻히는 등 그 정도가 심해졌고, 선생님과 주변 학부모들도 아이의 행동을 문제시하면서 문제의 심각성을 깨달았습니다.

걱정되는 마음에 아이의 이야기를 들어보니 자신은 친구들과 잘 지내고 싶어서 다가가는데 잘 놀아주지 않고 놀리기만 해서 화가 난다고 합니다. 과격한 행동이 악의적인 것이 아니었으며, 아이가 자신의 마음을 제대로 표현하지 못하고 있다는 생각이 들자 속상한 마음은 더욱 커져만 갑니다.

상처 주면서 상처받는 아이들

주의력이 부족하고 충동 조절에 어려움을 겪는 아이들은 일상생활에서 다양한 어려움을 겪습니다. 남다른 행동과 성향으로 친구나 주변 사람들에게 부정적인 표현을 듣는 경우도 많습니다. 시훈이 엄마도 또래에 비해 어리숙한 표현 때문에 시훈이가 친구들에게 따돌림을 받을까 봐 걱정하고 있을 겁니다.

앞서 이야기했듯 산만한 아이들은 일반 아이보다 자신을 향한 부정적인 언어를 평생 2만 번 이상 듣습니다. 자연히 그 아이들은 부정적인 언어에 민감할 수밖에 없습니다. 친구나 선생님, 가족들이 별다른 의도 없이 내뱉은 말에도 쉽게 상처받고 자존감도 크게 낮아질 수 있지요. 특히 자신이 믿고 의지하는 부모에게 부정적인 언어를 들으면 아이는 더 크게 상처받습니다. 특히 남자아이들은 학교나 유치원, 어린이집, 학교에서 과격하고 충동적으로 행동해서 교우 관계뿐 아니라 선생님과의 관계, 학습 등에도 어려움을 겪는 일이 많습니다.

따라서 산만한 아이를 키우는 부모라면 먼저 아이가 학교에서 겪고 있을지 모를 문제를 알아보기 위해 늘 아이의 편에서 이야기를 들어줘야 합니다. 늘 좋은 이야기만 해줄 수는 없을 겁니다. 차라리 아이가 과격한 행동을 해도 특별한 문제가 없다면 과민하게 반응하지 말고 관심을 적게 두는 것도 좋은 방법입니다. 반대로 아이가 상황에 맞는 적절한 언행을 할 때 크게 칭찬해주고 보상해주면 행동을 교정하는 데 긍정적인 효과를 거둘 수 있습니다. 또 아이가 속한 교육 기관에서도 같은 교육이 이루어지면 더 큰 효과를 거둘 수 있습니다.

산만한 아이의 독특한 표현법

산만한 아이들은 특유의 뇌 구조와 사고방식으로 인해 머릿속에 혼재하는 여러 가지 생각이나 충동을 정리하는 것에 어려움을 겪습니다. 마치 각각 다른 프로그램이 동시에 켜져 있는 텔레비전들 가운데 있는 듯한 혼란스러운 상황에 놓여 있는 것과 비슷하다고 볼 수 있습니다. 그렇기 때문에 필요한 말이나 행동을 하지 못하는 경우가 많습니다. 이런 이유로 부모나 교사, 또래 아이들과의 소통에 어려움을 겪습니다.

실제로 제가 상담했던 여덟 살 현우의 어머니는 짝꿍을 바꾼 첫날, 아이가 새 짝꿍에게 "짝 바꾼 거 너무 싫어!"라고 이야기를 해서 다툼이 생겼고 급기야 담임 선생님께 전화가 왔다고 했습니다. 그런데 아이에게 자초지종을 들어보니 자기 옆에 앉은 아이가 싫었던 것이 아니라, 짝을 바꾸는 과정 자체가 싫다는 의미로 한 이야기라고 했습니다.

그런 일이 한두 번이 아니었습니다. 하루는 엄마와 함께 재미있게 영화를 보고 나서는 뜬금없이 "영화 보는 거 짜증 나"라고 이야기했다고 합니다. 그래서 현우에게 이유를 물어보니, 영화 자체는 재미있었고 엄마와 함께 영화를 보는 것도 좋았는데 다음 시리즈를 기다려야 하는 상황이 짜증났다는 것입니다. 이처럼 집에서도 종종 아이가 필요한 말을 정확히 이야기하지 않아서 오해가 자주 발생하곤 한다며 어머니는 쓴웃음을 지어 보였습니다. 집에서는 아이의 말에 귀 기울여 이유를 묻고 올바른 말로 정정해줄 수 있지만, 친구들과의 갈등 상황이 발생하면 늘 오해받는 아이를 대신해 사과하고 다시 아이를 이해시켜야 합니다. 하지만 이것도 한계가 있다며 현우 어머니는 어려움을 토로했습니다.

주의력 부족으로 오해받는 아이들

시훈이나 현우 사례에서 볼 수 있듯이, 아이가 소통에 어려움을 겪는 것은 불필요한 충동을 억제하고 상황에 맞는 언행을 할 때 필요한 '주의력'이 부족하기 때문입니다. 주의력은 두뇌의 전두엽에서 관장하는데, 산만한 아이는 선천적으로 전두엽 영역이 덜 활성화되어 있습니다. 그래서 상황을 파악하는 능력이 떨어지고, 소통이 서툴 수밖에 없습니다. 해야 할 말을 제대로 못하는 것뿐 아니라 하지 말아야 할 말을 생각나는 대로 해서 난처한 상황을 만들기도 합니다.

소통 능력을 향상시키기 위해서는 전두엽 기능을 강화시키고 주의력도 개선해야 합니다. 대화 중에 오가는 수많은 말과 표정, 주변 환경의 방해 등 여러 자극과 충동이 혼재된 상황에서 핵심에 집중하는 연습이 필요합니다.

가정에서 가장 쉽게 적용할 수 있는 방법은 '자기표현 훈련'입니다. 머릿속에 복잡하게 얽혀 있는 생각을 아이 스스로 정돈하고 주의력을 발휘해 상황에 맞는 말로 표현하도록 도와주는 훈련입니다. 처음에는 쉽지 않지만 부모의 도움을 받아 단계적으로 훈련하다 보면 소통 능력이 향상되는 것을 기대할 수 있습니다.

의도와 다르게 표현하는 아이 이렇게 도와주세요

1단계. 표현과 행동을 열어주세요
자기표현 훈련의 첫 번째 단계는 아이의 표현과 행동을 억제하

281

지 않는 것입니다. 표현 문제로 소통의 실패를 많이 겪은 아이들은 은연중에 받았던 마음의 상처로 인해 자기 생각이나 느낌을 표현하는 것 자체를 꺼리는 경우가 많습니다. 부모 앞에서는 아이가 무엇이든 마음껏 표현할 수 있는 분위기를 만들어주는 것이 중요합니다.

2단계. 생각을 구체적으로 표현하는 연습을 해요

두 번째 단계는 아이의 머릿속에 떠오르는 생각들을 시각화할 수 있도록 돕는 것입니다. 완벽한 문장이 아닌 짧은 단어로 표현해도 관계없습니다. 글로 표현하기 어렵다면 그림으로 자유롭게 생각을 나열하는 것도 좋습니다. 여기서 가장 중요한 점은 또렷한 이미지를 정확한 단어로 연결할 수 있도록 도와주는 것입니다.

3단계. 글이나 그림으로 대화를 나눠요

세 번째 단계는 아이가 글이나 그림으로 자유롭게 표현한 것을 함께 보며 충분히 대화하는 것입니다. 아이가 어떤 생각으로 이런 표현을 했는지 스스로 말하게 도와야 합니다. 충분한 대화를 통해 아이가 진짜 말하고 싶었던 것이 무엇이었는지 파악하는 과정도 필요합니다. 보통 자신이 원하는 것과 친구들이 말한 의도를 파악하기 어려워하는 아이들이 많습니다. 그렇기 때문에 아이가 산만하게 표현해놓은 것들 중 불필요한 내용을 지워나가면서 한 문장으로 정리하여 함께 읽어보는 연습이 중요합니다.

4단계. 한 문장으로 표현해요

마지막으로 자기표현 훈련의 최종 목표는 아이가 스스로 표현하고 싶은 내용을 정리해 정제된 문장으로 말하는 것입니다. 이러한 목표를 두고 단계별로 자기 생각을 정돈하고 표현하는 훈련을 꾸준히 하면 아이의 주의력 개선과 소통 능력 향상에 큰 도움이 됩니다.

폭력 성향을 슬기롭게 다스리기 위하여

만 9세를 전후로 남자아이들은 키가 크고 힘이 강해져 엄마와 맞서기 시작합니다. 그 전에 아이의 폭력 성향을 슬기롭게 다스려야 합니다. 활발하게 에너지를 쏟아낼 수 있도록 야외 활동이나 운동 시간을 늘려주면서, 정서적으로 스트레스를 받거나 화가 날 때 아이가 적절한 방식으로 해소할 수 있도록 가르쳐줘야 합니다.

스트레스를 다스리기 어려워하는 아이들이라면 드럼과 같은 타악기를 배우거나 부모와 함께 화장실 벽에 물에 적신 화장지를 있는 힘껏 던지는 방법을 추천합니다. 특히 젖은 화장지를 벽에 던지는 놀이는 억눌려 있던 감정을 해소해주고, 안전하며, 큰 비용이

들지도 않습니다. 놀고 나서 아이에게 뒤처리를 할 수 있도록 적절
히 지도한다면 스트레스 해소에 도움이 될 수 있습니다.

집중력이 약해
자꾸 딴짓하는 아이

내년에 초등학교에 입학하는 혜연이의 엄마는 아침마다 아이와 한 바탕 전쟁을 치릅니다. 아이가 한 가지 일에 집중하지 못하고 딴짓을 하는 바람에, 아침을 먹이고 양치하는 데만 한 시간이 족히 걸리기 때문입니다. 처음에는 '아이들이 다 그렇지, 뭐' 하고 대수롭지 않게 생각했지만 시간이 갈수록 아이의 산만함은 더욱 심해졌습니다. 최근에는 간단한 글자를 가르쳐주거나 좋아하던 그림책을 볼 때도 아이가 도무지 집중하지 못합니다. 그런 아이를 보며 '내년에 입학하면 공부는 잘할 수 있을까?' 하는 고민이 듭니다.

주의력, 집중력에도 종류가 있다

많은 부모가 아이의 집중력에 대해 걱정합니다. 아이의 산만함이 학습과 밀접한 관련이 있기 때문입니다. 사실 아이라면 누구나 산만한 경향을 보입니다. 하지만 아이가 가끔 특정한 일에만 집중하지 못하는 게 아니라 생활 전반에서 산만한 모습을 보인다면 그 이유를 확인해야 합니다.

아이가 생활 전반에서 집중하지 못한다면 인지 기능과 실행 능력, 충동 억제 기능을 담당하는 전두엽의 기능이 떨어져 있을 수 있습니다. 이런 경우 집중하지 못하는 분야가 점점 확대될 가능성도 있습니다. 전두엽의 기능이 떨어져 '집중' 자체에 어려움을 겪으면 관심 있던 분야에서도 흥미를 잃고 산만해지기 쉽습니다.

흔히 학습에 집중하지 못하는 아이를 두고 특정 과목이나 분야에 관심이 부족하다고 여기는 경우가 많습니다. 그리고 특정 분야에 대한 흥미만 붙이면 나아질 거라고 생각하는 부모도 많습니다. 물론 이는 단순히 흥미의 문제일 수 있지만, 아이의 전두엽이 기능적으로 '집중 못 하는 상태'일 가능성도 있습니다. 그래서 아이가 어떤 상태인지 유심히 관찰해야 합니다.

시지각 능력이 집중력을 결정한다고?

전두엽의 기능이 제대로 발달하지 못한 아이들은 시지각 능력이 떨어져 있는 경우가 많습니다. 시지각 능력이란 단순히 눈을 통해 사물을 보는 시각이 아닙니다. 시각적 자극을 자신의 경험이나 다른 감각 기관에서 받은 정보와 종합적으로 연결해 이해하고 행동하는 능력을 의미합니다. 이런 시지각 능력은 집중력과도 깊은 관련이 있습니다.

시지각 능력이 부족하면 상황에 필요한 시각 정보를 효율적으로 처리하기 힘듭니다. 그뿐 아니라 현재 수행해야 할 일 외에 주변에서 들어오는 시각 자극들을 제대로 통제하지 못해 산만해지고 수행 과제에 제대로 집중하기 어렵습니다. 물론 집중력을 형성하는 데는 다양한 인지 기능이 조화롭게 작용합니다. 하지만 사람이 받아들이는 대부분의 정보는 시각을 통해 들어오기 때문에 시지각 능력이 집중력에 결정적인 역할을 할 수밖에 없습니다.

시지각 능력이 떨어지는 아이 이렇게 도와주세요

1. 단계별로 독서를 합니다
아이의 집중력 향상을 위해서는 평소 집에서의 훈련이 필요합니다. 집에서 가장 쉽게 할 수 있는 대표적인 시지각 능력 향상 훈련은 부모와 함께하는 '단계별 독서법'입니다. 보통 시지각 능력이 발달하지 못해 집중력이 저하된 아이들은 공통적으로 책 읽기에 어려움을 느낍니다. 아이가 문자 읽기에 어려움을 보이면 부모가 곁에서 책을 읽어주고 조금이라도 독서에 관심을 갖도록 도와주는 것이 첫 번째 단계입니다.

이후 아이가 조금이라도 독서에 관심을 가지면 그림이 많이 있는 책이나 만화책 등 비교적 쉬운 책부터 읽도록 권하는 것이 좋습니다. 독서에 대한 거부감이 어느 정도 없어졌다고 판단되면 점차 문자의 양이 많은 책을 읽게 해주세요. 이 과정을 통해 아이는 시각 정보를 지속적으로 받아들이고 처리하는 데 익숙해지고 자연히 집중력도 향상됩니다.

2. 퍼즐 맞추기 놀이를 합니다

독서 활동 외에 다양한 시각 정보가 들어 있는 '퍼즐 맞추기' 같은 놀이를 병행하면 더 좋습니다. 집중력이 부족하면 처음부터 퍼즐을 완성하는 것이 어려울 수 있는데, 그럴 때는 아이가 부담을 느끼지 않도록 같은 모양과 색깔, 크기의 퍼즐을 분류하는 연습부터 함께하는 것도 효과적입니다.

이러한 훈련 과정 중 한 가지 주의해야 할 점이 있습니다. 아이가 계속 산만한 행동을 해도 다그치거나 명령조로 말하지 않는 것입니다. 아이들은 훈련을 통해 분명 변화할 수 있지만, 부모의 마음처럼 빨리 변하지 않을 수는 있습니다. 처음부터 큰 목표를 설정하기보다 훈련 과정에서 아이의 일상을 주의 깊게 관찰하고 조금이라도 변화된 모습을 보이면 격려하고 칭찬해주는 태도가 필요합니다.

3. 조용한 환경을 만들어주세요

조용하고 침착한 친구를 만들어주어 그 친구의 성격을 닮게 하는 것이 좋습니다. 텔레비전, 컴퓨터, 스마트폰 등은 공부한 후, 그에 따른 보상으로 한 번씩 하도록 지도합니다. 책장 등 물건을 잘 정리할 수 있도록 공간을 마련해주는 것도 좋습니다.

4. 아이의 과제를 적절한 방법으로 관리해주세요

학교에서 알림장에 숙제를 꼭 적어오게 하고, 집에서는 숙제의 우선순위를 적게 합니다. 숙제는 약 20~30분 정도 하고 쉬게 해주세요. 산만한 아이는 오래 집중하기 어렵기 때문에 아이가 최대한 집중할 수 있는 시간에서 5분 이상 넘기지 않는 게 좋습니다. 숙제를 마친 후에는 즉각적으로 보상하고 바로 책가방에 숙제를 넣게 합니다. 숙제는 반드시 제출한 후 확인받아오게 해주세요.

5. 칭찬과 처벌을 점검하세요

아이가 잘못한 행동보다 잘하는 행동에 더 주목하고, 즉각적으로 피드백하는 것이 중요합니다. 부모의 권위는 엄격한 태도가 아닌 적절한 상황에서 즉각적으로 하는 칭찬에 의해 만들어진다는 것을 기억하세요.

처벌은 명확하게 기준에서 벗어난 행동을 했을 때만 해야 합니다. 그 기준은 아이가 충분히 이해하는 기준이어야 하고, 필요하면 혼나는 기준을 목록으로 만들어 식탁에 붙이는 것도 좋습니다. 보통 실생활에서는 아이의 미흡한 성취(예를 들어 과제할 때 집중을 못하거나 방을 어지럽히는 행동)나 책임 소재가 애매한 문제 상황에 대해 처벌하는 경우가 흔합니다. 이런 경우 아이는 분명한 규범을 터득하지 못하고 상황 판단에도 어려움을 겪을 수 있습니다. 처벌 기준은 구체적이어서 논란의 여지가 없어야 합니다. 예를 들어 '외출했다가 집에 돌아오면 5분 안에 반드시 비누로 손을 씻을 것'처럼 제한 시간을 정하고 '비누로 손을 씻기'와 같이 구체적으로 지시해야 불필요한 감정 소모를 막을 수 있습니다.

6. 충동성이 강한 아이에게는 규칙을 잘 지킬 수 있게 지시하세요

텔레비전이나 게임을 끄고 조용한 상태에서 아이의 눈을 마주 보고 정확하게 지시해야 합니다. 그런 다음 단순하고 구체적으로 지시한 내용을 아이 '스스로 소리 내어 말하게 하면서' 잘못한 행동을 주지시킵니다. 앉아서 밥 먹기, 공중 화장실에서 차례 지키기, 친구의 장난감 빼앗지 않기 등 아이가 잘 지키지 못하는 규칙을 정하고, 아이가 규칙을 잘 지키면 칭찬과 함께 규칙이나 규율의 중요성을 설명해줍니다.

7. 한 번에 고쳐지길 기대하지 말고 꾸준히 관리하세요

아이의 행동은 한 번의 칭찬이나 꾸중으로 드라마틱하게 변하지 않습니다. 아이는 반복적인 칭찬과 훈육을 통해 변화하고, 시행착오를 통해 성취 경험을 할 수 있도록 해야 합니다. 아이의 행동을 교정하기 위해서는 통상적으로 2개월 전후의 시간이 필요합니다. 하나의 잘못된 습관이 만들어지기까지의 시간을 감안하면, 잘못된 습관을 다시 없애기 위해 당연히 그 이상의 시간이 필요하다는 점을 기억해주세요.

배우는 속도가
너무 느린 아이

열 살 종훈이는 누구보다 책상에 오래 앉아 성실하게 공부합니다.
그런데 공부한 만큼 결과가 나오지 않아 종훈이 부모의 가슴이 미
어집니다. 누구보다 동기 부여가 확실하고 공부를 잘하고 싶어 하
는데, 시험 결과가 나오면 의기소침해지는 종훈이의 모습에 고민만
깊어집니다.

넌 도대체 누굴 닮아 이러니?

부모의 가장 큰 관심사 중 하나는 바로 아이의 학습입니다. 말

을 배우고, 간단한 글자나 숫자를 익히고, 유치원이나 학교에 들어가 기초적인 '공부'를 시작하면 부모들은 또래 친구들과 자녀의 성취도 차이에 민감하게 반응합니다.

그러다 보니 아이의 학습 능력이 떨어지거나 또래 아이보다 뒤처진다는 생각이 들면 학업 성취도가 좋은 다른 아이들을 부러워합니다. '저 집 아이는 어쩜 저렇게 머리가 좋을까?', '우리 아이는 누굴 닮아서 이러지?'라는 마음이 드는 것도 인정상정입니다. 이런 생각이 드는 것은 대부분 부모가 아이의 학업 성취도를 '지능'과 연관 지어 생각하기 때문입니다. 과연 아이의 학습, 지능만의 문제일까요?

아이의 학업 성과, 지능만의 문제는 아니다

물론 아이 지능이 학습에 미치는 영향은 상당합니다. 지능이 높을수록 배운 내용을 이해하고, 훨씬 수월하게 암기하거나 활용하기 때문입니다. 특히 학습 난이도가 높지 않고, 학습에 필요한 시간이 많지 않은 미취학 시기나 초등학교 저학년 시기에는 더욱 그렇지요.

하지만 아이의 학습 성과 차이는 단순히 지능만의 문제라고 단정할 수 없습니다. 학년이 올라가면 수행해야 하는 학습의 난이도도 올라갑니다. 이때부터는 단순히 지능만으로 학습 성취도 결과를 낼 수 없습니다.

지능만큼 중요한 것이 주어진 학습 시간 동안 밀도 있게 공부하는 능력입니다. 쉽게 말해 머리가 아무리 좋아도 학습을 유지하는 시간이 현저히 짧거나 제대로 집중하지 못하는 아이라면 좋은 학업 성과를 내기 어렵습니다. 실제로 고학년 때까지 좋은 학업 성과를 유지하는 아이들은 학습 시간을 '효율적'으로 사용합니다. 높은 집중력을 발휘해 학습 효과가 매우 높은 것입니다.

학업 성과를 좌우하는 주의력의 3가지 핵심 요소

아이가 높은 집중력을 발휘하기 위해서는 반드시 필요한 전제 조건이 있습니다. 바로 '주의력'입니다. 주의력이란 특정한 과제 수행을 할 때 효과적으로 집중력을 발휘하기 위해 필요한 두뇌의 인지 능력 시스템입니다. 이 주의력은 크게 자기 조절력, 선택적 주의력, 지속적 주의력으로 이루어져 있으며 학습에 있어 결코 간과할 수 없는 중요한 요소입니다.

여기서 핵심 요소는 바로 자기 조절력입니다. 자기 조절력은 과제에 대한 흥미가 떨어져도 원하는 결과를 얻기 위해 참고 견디는 '인내심'과 같은 능력입니다. 이 자기 조절력은 집중에 방해되는 생각이나 외부 자극을 통제하고, 일정 시간 동안 과제를 수행해야 할 때 어떻게 효율적으로 진행할지 판단하는 원동력입니다.

자기 조절력 외에도 높은 주의력을 유지하기 위해서는 선택적 주의력과 지속적 주의력이 필요합니다. 선택적 주의력이란 여러 시각, 청각, 감각적 자극 중 현재의 과제에 필요한 자극만을 선별해 집중하는 능력입니다. 즉, 공부할 때 불필요한 자극을 배제하고 책의 시각적 정보에만 주의를 기울이는 능력입니다. 지속적 주의력도 반드시 필요한 능력입니다. 지속적 주의력이란 선택한 부분에 대한 주의력을 지속할 때 필요한 능력인데, 이 능력이 부족하면 한 가지에 집중하는 능력이 떨어집니다.

학습 효율은 종합적인 주의력 즉, 자기 조절력, 선택적 주의력, 지속적 주의력이 조화롭게 어우러질 때 높아집니다. 따라서 아이가 학습할 때 문제가 있다면 단순히 지능만의 문제라는 생각에서 벗어나 주의력을 키워주어야 합니다. 아이가 특정 목표를 위해 주의를 기울이는 시간을 확인하고, 반복 훈련을 통해 시간을 점차 늘려갈 수 있도록 도와주세요.

상황에 맞게 기분을 바꾸는 능력이 중요하다

마치 스위치를 작동하듯 정서를 변환하는 정서 전환 능력은 집중력과도 관련이 깊습니다. 이런 능력을 가진 아이들은 과제나 상황에 맞게 자신의 기분을 바꿀 줄 알기 때문에 더 쉽게 주의를 기울일 수 있습니다. 예를 들어 체육 시간에는 신나게 뛰어놀다가 다음 수학 시간에는 차분히 감정을 정리하는 능력이 바로 정서 전환 능력입니다.

산만한 아이들은 흥분된 기분을 진정시키고 수업에 집중하기까지 오랜 시간이 걸립니다. 상대적으로 중요한 일, 먼저 해야 할 일에 우선순위를 부여하는 능력이 부족하기 때문입니다. 그런데 이때 만화책을 좋아해서 만화에 푹 빠진 아이, 하루 종일 자기가 좋아하는 책에 파묻혀 있는 아이, 게임에 몇 시간이고 몰두하는 아이를 집중력이 강하다고 판단해서는 안 됩니다. 이는 단순히 기호나 선호에 불과합니다. 중요한 것은 뚜렷한 목적을 위해 몰두하는 능력입니다. 싫고 힘든 일이라도 목표를 떠올리며 스스로 동기부여하고 집중하는 능력, 이것이 바로 자기 조절력을 바탕에 둔 집중력입니다.

수영 선수 박태환이 국제 대회에 나가는 장면이 중계되면 어김없이 '박태환 헤드폰'이라는 검색어가 포털 인기 순위에 오릅니다. 그러나 박태환 선수는 헤드폰을 멋으로 사용하는 게 아닙니다. 시끄러운 경기장에서 조용히 음악을 들으며 긴장을 풀고 평정심을 찾기 위한 도구지요. 박태환 선수는 중학교 3학년 때 참가한 2004년 아테네 올림픽에서 부정 출발로 실력을 보여주지 못한 채 실격당한 아픔이 있습니다. 그 후 멘탈 강화 훈련을 받은 후 음악을 통해 마음을 다스리는 방법이 자신에게 잘 맞는다는 것을 알게 되었습니다.

마찬가지로 경기 중에 껌을 씹는 야구 선수, 큰 소리로 기합을 넣으며 두 손으로 선수들의 뺨을 치는 역도 코치의 행동도 모두 긴장을 해소하기 위한 노력이라고 할 수 있습니다. 이렇게 정서적 안정을 유지하기 위해 경기 시작 때부터 경기 직전까지의 행동 양식을 짜기도 하는데, 이를 '루틴' 혹은 '자동화 프로그램'이라고 합니다.

심리 전문가들은 선수들에게 시합 전 준비 과정 중 가장 익숙한 패턴을 정리하고 그 동작을 꾸준히 몸에 익힐 것을 권유합니다. 기분 좋은 습관을 반복하면서 평상심을 유지하기 위함이지요.

박태환 선수의 루틴은 다음과 같습니다. 대기실에서 제자리 뛰기를 하고, 헤드폰으로 음악을 들은 후, 스트레칭을 간단하게 하고, 윗옷을 벗고, 마지막에 헤드폰을 내려놓습니다. 이 루틴이 완성되면 최고의 성과를 내기 위한 모든 준비가 끝나는 것입니다.

수능을 앞둔 학생들에게 평소에 사용하던 필기도구를 쓰고 자신에게 편안함을 주는 행동을 익숙해질 때까지 반복하라고 하는 것도 바로 이런 효과 때문입니다. 따라서 산만함을 줄이고 정서 전환 능력과 자기 조절력을 높이기 위해서는 우리 아이에게 맞는 전환 루틴을 알려주는 것도 도움이 될 수 있습니다.

집중력이 떨어지는 아이 이렇게 도와주세요

1. 쉬는 시간이 끝나고 수업에 집중하기 위한 루틴을 만들어주세요

쉬는 시간 종소리를 들으면 자리에 앉아 박수를 한 번 치고 연필을 손에 쥐는 등 반복적으로 수업에 집중하기 위한 행동을 순서대로 짚어주세요.

2. 배변을 불안해한다면 쉬는 시간마다 다녀올 수 있도록 해주세요

수업 중 화장실에 자주 가고 싶어 하는 아이들이 있습니다. 비뇨기과적인 문제를 체크함과 동시에 쉬는 시간에 반드시 화장실에 가서 볼일을 보도록 해야 합니다. 간혹 아이들이 화장실에 가면 놀림을 당할까 봐 불안해하는 경우도 있기 때문에 또래 집단의 분위기를 살펴보는 것도 필요합니다.

3. 등교 전에 할 일도 루틴으로 만들어주세요

학교생활뿐 아니라 등교 준비 전 루틴을 만드는 것도 좋습니다. 예를 들어 아침에 일어나 준비물 체크리스트를 확인하고 밥을 먹은 후 등교한다는 식으로, 해야 할 일의 순서를 정하는 것입니다. 이때 중요한 것은 1, 2학년 자녀라면 부모가 과정을 도와주고 반복하면서 서서히 습관을 들여야 하고, 3학년 이상의 자녀라면 스스로 점검하게 하는 것입니다. 1, 2학년 때 아이가 스스로 결정

하는 습관을 들이지 못하면 고학년이 되어도 부모와 자녀 간의 감정소모가 계속될 확률이 높습니다. 학교생활이란 부모가 챙겨주는 게 아니라 아이 스스로 점검하고 챙겨야 하는 것이고, 준비물을 챙기지 못해 받는 불이익도 자신의 책임 때문이라는 인식을 심어 줘야 합니다.

부모는 아이에게
신과 같은 존재입니다

"신은 모든 곳에 있을 수 없기에 어머니를 만들었다"는 이집트 속담이 있습니다. 아이에게 부모는 신처럼 큰 존재입니다. 그런 부모가 아이의 문제를 오로지 문제로만 바라본다면 그 아이의 삶은 어떨까요?

'자기 실현적 예언'이라는 심리학 개념이 있습니다. 인본주의 심리학자 칼 로저스가 중요하게 생각했던 개념으로, 쉽게 말해 사람은 자신이 꿈을 꾸는 만큼 성장한다는 뜻입니다. 아이의 행동을 부모가 문제로 여기면, 아이는 자신에 대해 부정적인 이미지를 갖게 되고 단점에 무게를 두고 성장하게 됩니다. 이 책을 통해 제가 하고 싶었던 이야기의 핵심에는 '문제'에 집중하기보다 '사람'에 집중하는 것이 옳다는 칼 로저스의 믿음이 깔려 있습니다. 아이의 잠재력은 아이가 자기 자신의 있는 그대로의 모습을 인정하고 받아들이는 것에서부터 꽃 필 수 있기 때문입니다.

아이들이 지켜야 할 규칙 대부분은 어른들이 만든 것입니다. 그래서 아이가 세상에 적응하고 규칙을 수월하게 익히기 위해서는 부모의 도움이 가장 중요합니다. 부모는 아이의 특성을 가장 잘 알고, 문제의 원인을 끝까지 도와줄 유일한 사람이기 때문이죠. 아이의 타고난 기질과 부모의 도움이 더해져야 아이는 세상을 향해 나아갈 수 있습니다. 아이의 기질을 적절히 조율해주고 자신을 둘러싼 세상을 담대하게 바라볼 수 있도록 자존감을 북돋워주는 가장 큰 존재는 부모입니다.

격려와 칭찬을 부어주세요

산만한 아이를 키우는 부모는 아이가 조금만 주의하지 않으면 자주 통제하고 평가하게 됩니다. 슬프게도 '쉿', '그만', '조용히 해' 같은 말만 하게 될 수 있습니다. 그래서 격려와 칭찬에 더욱 신경 써야 합니다. 아이의 행동을 문제라고 보기보다 아이의 행동 뒤편에 놓인 잠재력을 늘 기억해야 합니다.

아이의 잠재력을 알아봐주고 그에 맞게 환경을 만들어주세요.

물론 두세 번 말해도 제대로 집중하지 못하는 아이와 하루 종일 씨름하는 것은 쉽지 않은 일입니다. 알아들을 때까지 반복해 타이르고, 칭찬 스티커를 모으면 갖고 싶은 장난감을 사준다 해도 그때뿐인 경우도 많지요. 결국 부모의 인내심이 바닥나 소리를 버럭 지르고 하루를 마무리하게 되는 날도 있겠지만, 육아는 마라톤입니다. 부모가 잠재력에 주목하느냐, 문제 행동에 주목하느냐에 따라 아이와의 관계와 태도는 달라집니다.

좋은 선생님, 노련한 심리 상담가, 따뜻한 이웃들 모두가 아이가 자라는 데 긍정적인 영향을 주지만, 결국 내 아이의 가능성을 끝까지 믿고 성인이 될 때까지 기다려줄 수 있는 사람은 이 세상에 부모밖에 없다는 사실을 기억해야 합니다.

이 책이 지금까지 놓치고 있었을지 모르는 아이만의 특별한 잠재력을 발견할 수 있도록 부모들의 관점을 바꿀 수 있다면 좋겠습니다. 아이의 재능을 발견하고, 단단하게 키워낼 힘은 부모에게 있습니다.

참고도서

개리 마커스, 《마음이 태어나는 곳》, 해나무, 2005년

김영훈, 《두뇌성격이 아이 인생을 결정한다》, 이다미디어, 2013년

마이클 가자니가, 《뇌로부터의 자유》, 박인균 옮김, 추수밭, 2012년

성태훈, 《종합심리평가 보고서 작성법》, 학지사, 2011년

스콧 배리 카우프만, 《불가능을 이겨낸 아이들》, 정지인 옮김, 책읽는수요일, 2014년

스티븐 J. 팔리, 《터지는 아이디어》, 정현선 옮김, 모멘텀, 2012년

신민섭, 김은정, 김지영, 《아동·청소년 로샤의 이론과 실제》, 학지사, 2007년

이우경, 《SCT 문장완성검사의 이해와 활용》, 학지사, 2018년

존 메디나, 《브레인 룰스》, 서영조 옮김, 프런티어, 2009년

찰스 웨나, 패트리샤 케릭, 《발달정신병리학》, 이춘재 외 옮김, 박학사, 2011년

토드 로즈, 《평균의 종말》, 21세기북스, 2018년

하워드 가드너, 《지능이란 무엇인가》, 김동일 옮김, 사회평론, 2019년

황준성, 홍주영, 《아이의 정서지능》, 지식채널, 2012년

홍강의, 《DSM-5에 준하여 새롭게 쓴 소아정신의학》, 학지사, 2014년

산만한 아이의
특별한 잠재력

The Potential of an Easily Distracted Child

초판 1쇄 발행 · 2020년 4월 13일
개정판 1쇄 발행 · 2024년 10월 15일

지은이 · 이슬기
발행인 · 이종원
발행처 · (주)도서출판 길벗
주소 · 서울시 마포구 월드컵로 10길 56(서교동)
대표 전화 · 02)332-0931 | **팩스** · 02)323-0586
출판사 등록일 · 1990년 12월 24일
홈페이지 · www.gilbut.co.kr | **이메일** · gilbut@gilbut.co.kr

기획 및 책임편집 · 황지영(jyhwang@gilbut.co.kr) | **편집** · 이미현
제작 · 이준호, 손일순, 이진혁 | **마케팅** · 이수미, 장봉석, 최소영 | **유통혁신** · 한준희
영업관리 · 김명자, 심선숙, 정경화 | **독자지원** · 윤정아

디자인 · 어나더페이퍼 | **일러스트** · 차상미 | **편집 진행 및 교정** · 이경희
CTP 출력 및 인쇄 · 영림인쇄 | **제본** · 영림제본

ISBN 979-11-407-1115-4 03590
(길벗 도서번호 050231)

독자의 1초를 아껴주는 길벗출판사

(주)도서출판 길벗 IT교육서, IT단행본, 경제경영, 교양, 성인어학, 자녀교육, 취미실용 www.gilbut.co.kr
길벗스쿨 국어학습, 수학학습, 어린이교양, 주니어 어학학습, 학습단행본 www.gilbutschool.co.kr